全国电力行业"十四五"规划教材
职业教育电力技术类项目制 新形态教材

"十四五"职业教育河南省规划教材

二次回路分析

ERCI HUILU FENXI

主　编　侯　娟　胡　斌

副主编　王　莉　吴娟娟　张海栋　孙　帅

主　审　李盛林

U0220500

中国电力出版社
CHINA ELECTRIC POWER PRESS

内容提要

本书为全国电力行业"十四五"规划教材,"十四五"首批职业教育河南省规划教材。

全书共六部分,包括变电站二次回路基本知识、变电站操作电源二次回路的检验与异常处理、变电站控制回路的传动检验、变电站互感器二次回路的检验、变电站二次智能设备及回路的检验、变电站常见信号的判断与处理等情境。各情境配套丰富的数字化资源,覆盖课程知识点和技能点,以满足不同的学习需求。

本书主要作为高职高专院校电气技术类专业的教材,也可作为供电企业员工在岗培训教材。

图书在版编目(CIP)数据

二次回路分析/侯娟,胡斌主编. —北京:中国电力出版社,2023.8(2025.1重印)
ISBN 978-7-5198-7630-2

Ⅰ.①二… Ⅱ.①侯…②胡… Ⅲ.①电气回路-二次系统 Ⅳ.①TM645.2

中国国家版本馆 CIP 数据核字(2023)第 121017 号

出版发行:中国电力出版社
地　　址:北京市东城区北京站西街 19 号(邮政编码 100005)
网　　址:http://www.cepp.sgcc.com.cn
责任编辑:雷　锦
责任校对:黄　蓓　于　维
装帧设计:赵姗姗
责任印制:吴　迪

印　　刷:北京九天鸿程印刷有限责任公司
版　　次:2023 年 8 月第一版
印　　次:2025 年 1 月北京第三次印刷
开　　本:787 毫米×1092 毫米　16 开本
印　　张:11.75
字　　数:273 千字
定　　价:46.00 元

本书编写组

主　编

侯　娟　胡　斌

副　主　编

王　莉　吴娟娟　张海栋　孙　帅

编写人员

刘星洁　苏海霞　栗　磊　张建军　孙　飞

为认真贯彻落实国家关于职业教育改革的部署和国家电网有限公司（简称公司）职业院校改革发展精神，推进"三教"（教师、教材、教法）改革，提高公司职业院校教育质量，国家电网有限公司组织开发出版一系列具有公司特色、贴近生产实际的新时代职业院校电力专业教材。2021 年首批开发供用电技术（配电运维与营销服务）、电力系统继电保护与自动化技术（继保及自控装置运维）、发电厂及电力系统（变电运检）、高压输配电线路施工运行与维护（输电运检）等 4 个专业（方向）核心课程教材共 27 本。

本套教材编写原则上突出职业教育的教育性与职业性，突出职业教育服务区域和产业发展功能，专业核心课程围绕产业需求设置课程内容，以工作过程为导向，依据典型工作任务设置课程情境，围绕岗位工作内容设计理论讲授与实训操作高度融合的任务项目。将工匠精神、职业素养和安全要素融入教材内容，通过教学内容设置、课堂活动设计等方式，培养学生精益求精、专业专注、持续改进的职业观，为国家电力事业发展培养新时代的高素质蓝领工匠。

本套教材开发，采用任务驱动的行动式教学教材为基本体例。行动式教学以岗位技能为主线，以具体任务为导向进行知识导入，以学生主动学习为出发点，突出实操技能训练，通过任务训练实现技能与知识高度融合的教学形式。行动式教学教材突破传统教材章节结构限制，依据岗位工作设置情境和任务，依据技能需要融入相关知识介绍，以学生为中心，做"真任务、真项目"，真做实练，激发学生成就动机，促进学生高度参与学习，有效推进行动式教学改革落地，具有目标引领、任务驱动、突出能力、内容实用、做学一体的特点。

本套教材充分利用公司技能等级评价资源开发成果，将职业院校教学工作与公司技能等级评价工作无缝对接，为职业院校有效实施"1+ X 证书制度"提供有力支撑。结合标准操作流程和工艺要求，制定各项任务评价标准，确保可执行、可考核，有效评估学习效果，形成学习闭环。

本书为本套教材中电力系统继电保护与自动化技术（继保及自控装置运维）专业的《二次回路分析》，由郑州电力高等专科学校具体组织编写。本书涵盖了电力行业最新的政策、标准、规程、规定及新设备、新技术、新知识，可以作为供电企业员工及电力类高校学生全面学习电力二次回路基础理论和基本技能的通用教材。全书共六部分，包括变电站二次回路基本知识、变电站操作电源二次回路的检验与异常处理、变电站控制回路的传动检验、变电站互感器二次回路的检验、变电站二次智能设备及回路的检验、变电站常见信号的判断与处理。各情境配套丰富的数字化资源，覆盖课程知识点和技能点，满足在校师生及企业培训者对移动学习的不同需求。本书为全国电力行业"十四五"规划教材，并获批"十四五"首批职业教育河南省规划教材。

本书引言、情境一知识准备由郑州电力高等专科学校侯娟编写，情境一任务实施由宁夏电力中卫公司张建军编写、任务扩展由郑州电力高等专科学校刘星洁编写；情境二由国网河南电力南阳公司张海栋和郑州电力高等专科学校刘星洁、侯娟共同编写；情境三由国网国网河南电力检修公司王莉和郑州电力高等专科学校吴娟娟、孙帅共同编写；情境四由郑州电力高等专科学校侯娟、胡斌、国网宁夏电力电科院栗磊、国网宁夏电力检修公司孙飞共同编写；情境五由国网河南电力技培中心苏海霞和吴娟娟共同编写。全书由侯娟、胡斌统稿并担任主编。本书配套数字化资源由侯娟、孙帅、吴娟娟、刘星洁制作。

本书疏漏不足之处，恳请各位专家和读者提出宝贵意见，使之不断完善。

编 者

2023 年 4 月

目录

二次回路分析综合资源

变电站二次回路基本知识

引言部分介绍了变电站电气二次设备和电气二次回路包含的主要组成部分和基本作用，二次回路图纸的分类，二次回路图形符号、文字符号的含义及用途，二次回路的标号原则，二次回路的绘图规则和识图方法。

在电力系统中，二次设备是用于对一次设备的工况进行监视、测量、控制、保护和调节的低压电气设备，包括继电保护装置、测控装置、自动装置、运行情况监视信号以及自动化监控系统、通信设备等，通常还包括电流互感器、电压互感器的二次绕组引出线和站用直流电源。这些二次设备按照一定的要求连接在一起构成的电路，称为二次接线或二次回路。描述二次接线的图纸称为二次接线图或二次回路图。

变电站二次回路基本功能

一、二次回路的组成

（一）控制系统二次回路

控制系统的作用是对变电站的开关设备进行就地或远方跳、合闸操作，以满足改变主系统运行方式及处理故障的要求。控制系统由控制装置、控制对象及控制网络构成。在综合自动化变电站中，控制系统控制方式有远方控制和就地控制两种。其中，远方控制有变电站端和调度（或集控中心）端控制方式；就地控制有操动机构处和保护（或监控）屏处控制方式。

二次回路图纸的组成及作用

（二）信号系统二次回路

信号系统的作用是准确及时地显示出相应一次设备的运行工作状态，为运行人员提供操作、调节和处理故障的可靠依据。信号系统由信号发送机构、信号接收显示元件（装置）及网络构成。信号按性质可分为位置信号、异常信号和事故信号，常见的位置信号有断路器位置信号、各种开关位置信号、变压器挡位信号等；常见的异常信号和事故信号有保护动作信号、装置故障信号、断路器监视的各种异常信号等。

二次回路的组成

（三）测量及监察系统二次回路

测量及监察系统的作用是指示或记录电气设备和输电线路的运行参数，作为运行人员掌握主系统运行情况，故障处理及经济核算的依据。测量及监察系统由各种电气测量仪表、监测装置，切换开关及网络构成。变电站常见的有电流、电压、频率、功率、电能等电气测量仪表和交流、直流绝缘监察系统。

（四）调节系统二次回路

调节系统的作用是调节某些主设备的工作参数，以保证主设备和电力系统的安全、经济、稳定运行，调节系统由测量机构、传送设备、自控装置、执行元件及网络构成。常用的调节方式有手动、自动和半自动方式。

（五）继电保护及自动装置系统二次回路

继电保护及自动装置的作用是，当电力系统发生故障时，能自动、快速、有选择地切除故障设备，减轻设备的损坏程度，保证电力系统的稳定，提高供电的可靠性；及时反映主设备的不正常工作状态，提示运行人员关注和处理，保证主设备的完好及系统的安全。

继电保护及自动装置系统由电压和电流互感器的二次绕组、继电保护装置、自动装置、断路器及网络构成。

（六）操作电源系统二次回路

操作电源系统是供给上述各二次系统的工作电源，断路器的跳、合闸电源及事故电源等，在正常和故障情况下应可靠工作，一般由直流电源设备（包括蓄电池及充电装置）、监控设备和供电网络构成。

二次回路图纸
的分类

二、二次回路图纸的分类

二次回路的图纸按作用可分为原理图和安装图。原理图是体现二次回路工作原理的图纸，按表现的形式可分为归总式原理图及展开式原理图。安装图按作用分为屏面布置图及屏背面安装接线图。

（一）归总式原理图

归总式原理图是将二次回路的工作原理以整体的形式在图纸中表示出来，例如相互连接的电流回路、电压回路、直流回路等综合绘制。其特点是能够使读图者对整个二次回路的构成以及动作过程有一个明确的整体概念；缺点是对二次回路的细节表示不够，不能表示各元件之间接线的实际位置，未反映各元件的内部接线及端子标号、回路标号等，不便于现场的维护与调试，对于较复杂的二次回路读图比较困难。如图 0-1 所示为过电流保护归总式原理图。

二次回路图纸
的分类

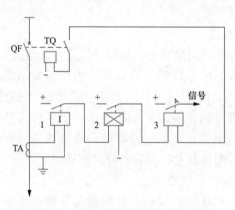

图 0-1　过电流保护归总式原理图

（二）展开式原理图

展开式原理图（简称展开图）是以二次回路的每个独立电源来划分单元而进行编制

的，如交流电流回路、交流电压回路、直流控制回路、继电保护回路及信号回路等。根据这个原则，同一元件的线圈和触点需绘制在不同的回路中，但要采用相同的文字符号表示。展开式原理图的接线清晰，便于表征继电保护及二次回路的动作过程、工作原理。如图 0-2 所示为过电流保护展开式原理图。在实际使用中，广泛采用展开式原理图。

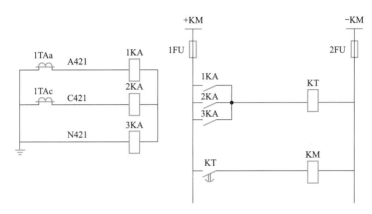

图 0-2　过电流保护展开式原理图

（三）屏面布置图

屏面布置图是加工制造屏柜和安装屏柜上设备的依据。屏柜上每个元件的排列、布置，根据运行操作的合理性，并考虑维护运行和施工的方便来确定，按一定比例进行绘制，并标注尺寸。

屏面布置图包括正面布置图和背面布置图，分别如图 0-3（a）和图 0-3（b）所示。屏上设备（元件）均按一定规律给予编号，并标出文字符号。文字符号与展开式原理图上的符号保持一致，以便相互查阅和对照。屏上设备（元件）的排列、布置，根据运行操作的合理性以及维护运行和施工的方便性而定。

（四）屏背面接线图

屏背面接线图以屏面布置图为基础，以展开式原理图为依据绘制而成，是工作人员在屏背后工作时使用的背视图。屏背面接线图可分为屏内设备接线图和端子排接线图，分别如图 0-4（a）和 0-4（b）所示。屏内设备接线图的主要作用是表明屏内各设备（元件）引出端子之间在屏背面的连接情况，以及屏上设备（元件）与端子排的连接情况；端子排接线图用来表示屏内设备与屏外设备的连接情况。端子排的内侧标注与屏内设备的连线；端子排外侧标注与屏外设备的连线，屏外连接主要是电缆，要标注清楚各条电缆的编号、去向、电缆型号、芯数和截面等，且每一回路都要按等电位的原则分别予以回路标号。

三、二次回路图形符号、文字符号

二次回路接线图通常使用元件的图形符号及文字符号按一定规则连接起来对二次回路进行描述。图中的各设备、元件或功能单元等项目及其连接等必须用图形符号、文字符号、回路标号进行说明。其中，图形符号和文字符号用以表示和区别二次回路中的各个电气设备，回

二次设备图形符号、文字符号的含义及用途

3

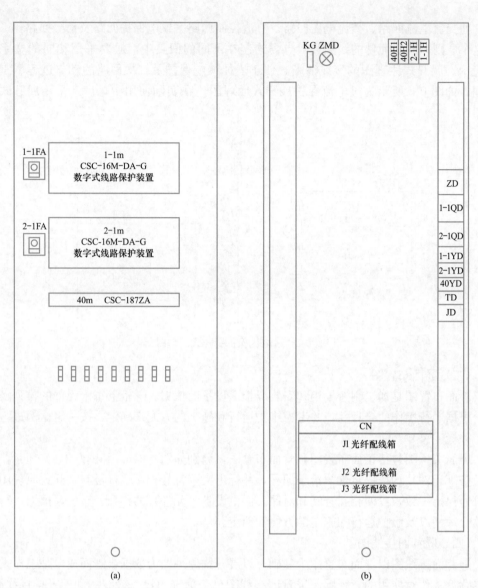

图 0-3　屏面布置图

(a) 正面布置图；(b) 背面布置图

路标号用以区别电气设备之间互相连接的各个回路。二次接线图中的图形符号、文字符号和回路标号都有国家标准和国际标准。

（一）图形符号

图形符号用来直观地表示二次回路图中任何一个设备、元件、功能单元等项目。在标准电气图中元件、器件和设备用图形符号表示，并按它们的"正常状态"画出。"正常状态"是指元件、器件和设备所处的电路无电压存在或无任何外力作用的状态。例如继电器和接触器线圈不带电（或通过的电压没有达到动作值）的状态，如图 0-5 和图 0-6所示；隔离开关和断路器在断开位置，如图 0-7 所示；按钮、行程开关在搁置位置等。

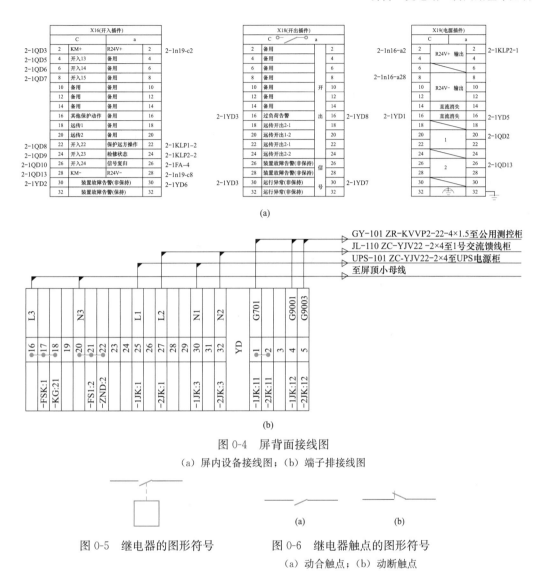

图 0-4　屏背面接线图

（a）屏内设备接线图；（b）端子排接线图

图 0-5　继电器的图形符号

图 0-6　继电器触点的图形符号

（a）动合触点；（b）动断触点

（二）文字符号

文字符号作为限定符号与一般图形符号组合使用，可以更详细地区分不同设备（元件）及同类设备（元件）中不同功能的设备（元件）或功能单元等项目。如果在同一展开图中同样的设备（元件）不止一个，则必须对该设备（元件）的文字符号加数字编序。如图 0-8 所示，文字符号的组合形成一般为数字序号＋辅助文字符号＋附加文字符号。

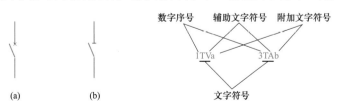

图 0-7　隔离开关/断路器的图形符号　　图 0-8　文字符号含义

（a）断路器；（b）隔离开关

四、二次回路的标号原则

展开图中一些数字或数字与文字的组合，称为回路标号。回路标号以一定的规则反映了回路的种类和特征，工作人员能够对该回路的用途和性质一目了然，便于进行二次回路缺陷查找和故障分析。

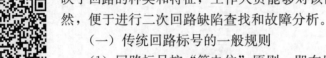

二次回路的
标号原则

（一）传统回路标号的一般规则

（1）回路标号按"等电位"原则，即在回路中连于一点的所有导线（包括接触连接的可拆卸线段），须标以相同的标号。

（2）同一回路中由电气设备（元件）的线圈、触点、电阻、电容等所间隔的线段，都视为不同的线段（在触点断开时，触点两端已不是等电位），应给予不同的回路标号。

（3）回路标号一般由 3 位及以下数字组成，根据回路不同的种类和特征进行分组，每组规定了编号数字的范围，交流回路为标明导线相别，在数字前面还加上 A、B、C、N、L 等文字符号，对于一些比较重要的回路需给予固定的编号，例如直流正、负电源回路，跳、合闸回路等，如图 0-9 所示。

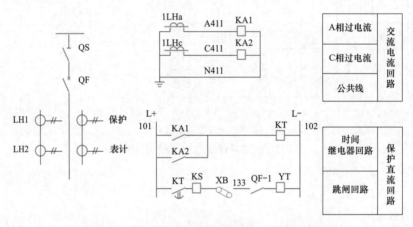

图 0-9　10kV 线路定时限电流保护展开式原理简图

（4）直流回路标号方法为，以奇数表示正极，例如 101，偶数表示负极，例如 102。先从正电源出发，以奇数顺序编号，直到最后一个有压降的元件为止。如果最后一个有压降的元件的后面不是直接连在负极上，而是通过连接片、开关或继电器触点接在负极上，则下一步应从负极开始以偶数顺序编号至上述已有编号的触点为止。直流回路标号示意图如图 0-10 所示。

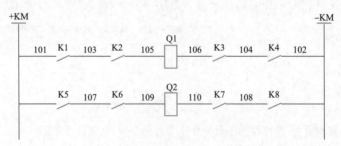

图 0-10　直流回路标号示意图

（5）小母线作为重要的二次设备，在展开图中用粗线条表示，并注以文字符号。对于控制和信号回路中的一些辅助小母线和交流电压小母线，除文字符号外，还给予固定的回路标号，以进一步区分。

（二）推荐的二次回路的标号

（1）常用二次回路导线标记见表0-1。

表0-1　　　　　　　　　　常用二次回路导线标记

序号	导线名称	IEC标记
1	交流电源系统1相	L1
2	交流电源系统2相	L2
3	交流电源系统3相	L3
4	交流电源系统中线	N
5	直流电源系统正极	L+或+
6	直流电源系统负极	L−或−
7	接地线	E

（2）回路标号的构成。回路标号由"约定标号＋序数字"构成。其中约定标号见表0-2。

表0-2　　　　　　　　　　约　定　标　号

序号	回路（导线）名称	约定标号
1	保护用直流	0
2	直流分路控制回路	1～4
3	信号回路	7
4	断路器遥信回路	80
5	断路器机构回路	87
6	隔离开关闭锁回路	88
7	其他回路	9
8	交流回路	A、B、C、N、L、SC
9	交流电压回路	A6、A7、…
10	交流电流回路（测量及保护）	A1、A2、…
11	交流母差电流回路	A3、…

序数字只要起到区别作用即可。如果要约定，常见约定下面几种：

1）正极导线：序数字约定为01。

2）负极导线：序数字约定为02。

3）合闸导线：序数字约定为03。

4）跳闸导线：序数字约定为33。

约定的目的主要是引起工作人员重视，当01与03相碰时，会引起合闸；当01与33相碰时，会引起跳闸；当01与02相碰时，则会引起电源短路。如果跳闸导线有许多根，可写为33-1、33-2、33-3等，或者33.1、33.2、33.3等；如果合闸导线有许多根，可写为03-1、03-2、03-3等，或者03.1、03.2、03.3等。当要求某些小母线的序数字也要约定时，可参见表0-1、表0-2。

（3）二次直流回路的数字标号见表 0-3。

表 0-3　　　　　　　　　二次直流回路的数字标号

序号	回路名称	原编号			新编号一			新编号二		
		Ⅰ	Ⅱ	Ⅲ	Ⅰ	Ⅱ	Ⅲ	Ⅰ	Ⅱ	Ⅲ
1	正电源回路	1	101	201	101	201	301	101	201	301
2	负电源回路	2	102	202	102	202	302	102	202	302
3	合闸回路	3~31	103~131	203~231	103	203	303	103	203	303
4	合闸监视回路	5	105	205	—	—	—	105	205	305
5	跳闸回路	33~49	133~149	233~249	133 1133 1233	233 2133 2233	333 3133 3233	133 1133 1233	233 2133 2233	333 3133 3233
6	跳闸监视回路	35	135	235				135 1135 1235	235 2135 2235	335 3135 3235
7	备用电源自动合闸回路	50~69	150~169	250~269				150~169	250~269	350~369
8	开关设备的位置信号回路	70~89	170~189	270~289				170~189	270~289	370~389
9	事故跳闸音响信号回路	90~99	190~199	290~299				190~199	290~299	390~399
10	保护回路	01~099 或（J1~J99）			—			01~099 或（0101~0999）		
11	信号及其他回路	701~799（标号不足时可递增）			—			701~799 或 7011~7999		
12	断路器位置遥信回路	801~809			—			801~809 或 8011~8999		
13	断路器合闸绕组或操动机构电动机回路	871~879			—			871~879 或 8711~8799		
14	隔离开关操作闭锁回路	881~889			—			881~889 或 8810~8899		
15	变压器零序保护共用电流回路	J01、J02、J03			—			001、002、003		

在没有备用电源自动投入的安装单位接线图中，标号 7 的编号可作为其他回路的标号。当断路器或隔离开关为分相操动机构时，序号 3、5、13、14 等回路编号后应以 A、B、C 标志区别。

（4）二次交流回路的数字标号组新旧对照表见表 0-4 和表 0-5。

表 0-4　　　　　　　　　二次交流回路标号（原回路标号）

序号	回路名称	原回路标号					
		用途	A 相	B 相	C 相	中性线	零序
1	保护装置及测量仪表电流回路	LH	A4001~A4009	B4001~B4009	C4001~C4009	N4001~N4009	L4001~L4009
		1LH	A4011~A4019	B4011~B4019	C4011~C4019	N4011~N4019	L4011~L4019
		2LH	A4021~A4029	B4021~B4029	C4021~C4029	N4021~N4029	L4021~L4029

续表

序号	回路名称	原回路标号					
		用途	A 相	B 相	C 相	中性线	零序
1	保护装置及测量仪表电流回路	9LH	A4091～A4099	B4091～B4099	C4091～C4099	N4091～N4099	L4091～L4099
		10LH	A4101～A4109	B4101～B4109	C4101～C4109	N4101～N4109	L4101～L4109
		29LH	A4291～A4299	B4291～B4299	C4291～C4299	N4291～N4299	L4291～L4299
		1LLH					LL411～LL419
		2LLH					LL421～LL429
2	保护装置及测量仪表电压回路	YH	A601～A609	B601～B609	C601～C609	N601～N609	L601～L609
		1YH	A611～A619	B611～B619	C611～C619	N611～N619	L611～L619
		2YH	A621～A629	B621～B629	C621～C629	N621～N629	L621～L629
3	经隔离开关辅助触点或继电器切换后的电压回路	6～l0kV	A（C、N）760～769，B600				
		35kV	A（C、N）730～739，B600				
		110kV	A（B、C、L、Sc）710～719，N600				
		220kV	A（B、C、L、Sc）720～729，N600				
		330kV（500kV）	A（B、C、L、Sc）730～739，N600 ［A（B、C、L、Sc）750～759，N600］				
4	绝缘检查电压表的公用回路	—	A700	B700	C700	N700	—
5	母线差动保护公用电流回路	6～10kV	A360	B360	C360	N360	—
		35kV	A330	B330	C330	N330	—
		110kV	A310	B310	C310	N310	—
		220kV	A320	B320	C320	N320	—
		330（500）kV	A330（A350）	B330（B350）	C330（C350）	A330（A350）	—

表 0-5　　　　　　　　　　二次交流回路标号（新回路标号）

序号	回路名称	新回路标号					
		用途	A（U）相	B（V）相	C（W）相	中性线	零序
1	保护装置及测量仪表电流回路	T1	A11～A19	B11～B19	C11～C19	N11～N19	L11～L19
		T1-1	A111～A119	B111～B119	C111～C119	N111～N119	L111～L119
		T1-2	A121～A129	Bl21～B129	C121～C129	N121～N129	L121～L129
		T1-9	A191～A199	B191～B199	C191～C199	N191～N199	L191～L199
		T2-1	A211～A219	B211～B219	C211～C219	N211～N219	L211～l219
		T2-9	A291～A299	B291～B299	C291～C299	N291～N299	L291～L299
		T11-1	A1111～A1119	B1111～B1119	C1111～C1119	N1111～N1119	L1111～L1119
		T11-2	A1121～A1129	Bl121～B1129	C1121～C1129	N1121～N1129	L1121～L1129
2	保护装置及测量仪表电压回路	T1	A611～A619	B611～B619	A611～619	N611～N619	L611～L619
		T2	A621～A629	B621～B629	C621～C629	N621～N629	L621～L629
		T3	A631～A639	B631～B639	C631～C639	N631～N639	L631～L639
3	经隔离开关辅助触点或继电器切换后的电压回路	6～10kV	A（C、N）760～769，B600				
		35kV	A（C、N）730～739，B600				
		110kV	A（B、C、L、Sc）710～719，N600				
		220kV	A（B、C、L、Sc）720～729，N600				

序号	回路名称	新回路标号					
		用途	A（U）相	B（V）相	C（W）相	中性线	零序
3	经隔离开关辅助触点或继电器切换后的电压回路	330kV 500kV			A（B、C、L、Sc）730～739、N600 A（B、C、L、Sc）750～759、N600		
4	绝缘检查电压表的公用回路	—	A700	B700	C700	N700	—
5	母线差动保护公用电流回路	6～10kV	A360	B360	C360	N360	
		35kV	A330	B330	C330	N330	
		110kV	A310	B310	C310	N310	
		220kV	A320	B320	C320	N320	
		330（500）kV	A330（A350）	B330（B350）	C330（C350）	A330（A350）	—
6	未经切换的电压回路	TV01 TV09	A611～A619 A691～A699	B611～B619 B691～B699	A611～C619 C691～C699	N611～N619 N691～N699	L611～L619 L691～L699

（5）保护柜中装置及其端子排的标号原则见表 0-6 和表 0-7。

表 0-6　　　　　　　　　　线路保护及辅助装置标号原则

序号	装置类型	装置标号	屏（柜）端子排标号
1	线路保护	1n	1D
2	线路独立后备保护（可选）	2n	2D
3	断路器保护（带重合闸）	3n	3D
4	操作箱、断路器智能终端	4n	4D
5	交流电压切换箱	7n	7D
6	过电压及远方跳闸保护	9n	9D
7	短引线保护	10n	10D
8	远方信号传输装置、收发信机	11n	11D
9	继电保护通信接口装置	24n	24D
10	合并单元	13n	13D

表 0-7　　　　　　　　　　元件保护及辅助装置标号原则

序号	装置类型	装置标号	屏（柜）端子排标号
1	变压器保护、高压并联电抗器（高抗）保护、母线保护	1n	1D
2	操作箱、断路器智能终端、母线智能终端	4n	4D
3	变压器非电量保护、高抗非电量保护、本体智能终端	5n	5D
4	交流电压切换箱	7n	7D
5	母联（分段）保护	8n	8D
6	合并单元	13n	13D

五、二次回路图的绘图规则和识图方法

（一）展开式原理图绘图规则

如图 0-9 所示为某 10kV 线路的定时限电流保护展开式原理简图。其绘图规则如下：

（1）各回路的排列顺序一般是交流电流、交流电压、直流控制、直流信号回路。

（2）在每个回路中，交流回路按 A、B、C 相序排列；直流回路则是每一行中各基本元件按实际连接顺序绘制，整个直流回路按各元件动作顺序由上而下逐行排列，这样展开的结果就形成了各独立电路，即从电源的"＋"极经各项目按通过电流的路径自左向右展开，一直到电源的"－"极，图形符号按非激励或不工作状态或位置、未受外力作用的状态绘制。

二次回路的
读图方法

（3）将各行的正电源和负电源分别连接起来，就形成了展开原理图。

（4）标出与该图形符号相对应的文字符号，对重点回路进行标号。

（5）在展开原理图右侧以文字说明框的形式标注每条支路的用途说明，以辅助读图。

展开式原理图
一般绘图规则

（6）在图的左侧画出被保护设备的一次接线示意图，并标明与二次回路有关的电流互感器的位置。

在微机保护中，由于功能的软件化，线路电流保护的交流电流回路取消了电流继电器，直流回路包括跳闸、合闸、位置信号继电器触点开出等部分，如图 0-11 所示。

（二）展开式原理图的识图方法

展开式原理图的识图方法可用一个通俗的口诀来归纳："先交流，后直流；先上后下，先左后右；交流看电源，直流找线圈；抓住触点不放松，一个一个全查清。"导线、端子都有统一的回路编号和标号便于分类查找，配合图右侧的文字说明，复杂的逻辑关系就显得清晰易懂了。下面分别以图 0-9 和图 0-11 为例，学习两种展开原理图的识图方法。

继电保护二次
回路

如何看二次图

（1）图 0-9 为线路定时限电流保护展开式原理简图，10kV 线路定时限电流保护的交流电流回路引至第一组电流互感器，接线方式为两相两继电器式接线；直流回路工作电源取自代号为 L＋、L－的控制回路电源。读图时，结合说明框，得知 KA1 为 A 相过电流继电器、KA2 为 C 相过电流继电器。根据定时限过电流保护动作原理，当流过任一只电流继电器电流超过整定值时，电流继电器 KA1（KA2）启动，装置的整个动作过程由上到下逐条回路按电流流过的途径应为：

展开式原理图
阅读方法

1）"＋"→KA1（或 KA2）动合触点闭合→KT 线圈→"－"，时间继电器 KT 启动。

2）"＋"→KT 延时闭合的动合触点闭合→KS 线圈→断路器动合辅助触点 QF-1→跳闸线圈 YT→"－"，断路器跳闸。

断路器跳闸后其辅助触点 QF-1 打开，切断跳闸线圈中的电流，至此，过电流保护的动作过程完成，将线路从电网中切除。

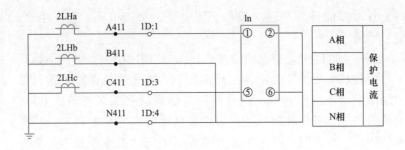

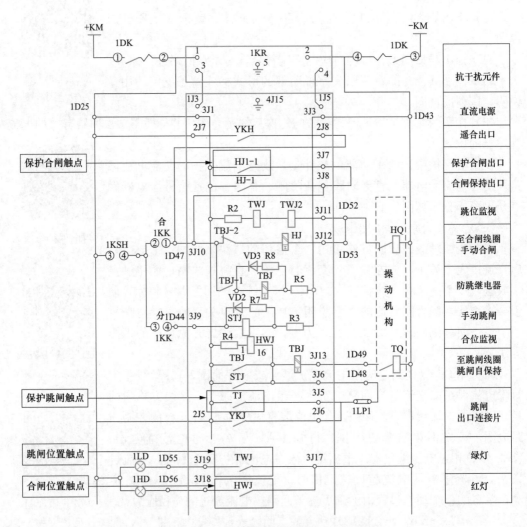

图 0-11   10kV 线路微机保护展开式原理图

信号继电器 KS 线圈得电后，其带掉牌自保持的动合触点闭合发出过电流保护动作信号。

（2）图 0-11 为 10kV 线路微机保护展开式原理图，交流电流回路清楚地表明微机保护装置 1n 的交流电流引至第二组电流互感器，接线方式为两相不完全星形接线；直流回路工作电源取自代号为＋KM、－KM 的控制回路电源。读图时，结合说明框，得知

TJ 为保护跳闸继电器触点。根据微机保护动作原理，当流过保护电流回路的电流超过整定值时，电流保护启动，装置的整个动作过程途径应为：

1）微机电流保护进行逻辑运算与判断，开出跳闸指令，跳闸继电器 TJ 动作。

2）"＋KM"→跳闸继电器 TJ 动合触点闭合→1LP1 跳闸出口连接片投入→跳闸保持继电器 TBJ 线圈带电→接通断路器动合辅助触点→跳闸线圈 TQ→"－KM"。

如何看二次回路图（一）

3）"＋KM"→跳闸保持继电器 TBJ 动合触点闭合→TBJ 跳闸保持继电器线圈带电自保持→接通断路器动合辅助触点→跳闸线圈 TQ→"－KM"，断路器跳闸。

断路器跳闸后其动合辅助触点打开，切断跳闸线圈中的电流，至此，微机保护的动作过程完成，将线路从电网中切除。

如何看二次回路图（二）

（三）端子排接线图的绘图规则

（1）接线端子的用途。接线端子的用途是连接屏内与屏外的设备，连接同一屏上属于不同安装单位的电气设备，连接屏顶的小母线和自动空气开关等在屏后安装的设备。

（2）接线端子的类型。接线端子的种类及用途见表 0-8。

表 0-8　　　　　　　　　　　　　接线端子的种类及用途

序号	种类	特点及用途
1	一般端子	适用于屏内、外导线或电缆的连接，即供同一回路的两端导线连接之用
2	连接端子	可通过绝缘座上的切口将上、下相邻端子相连，可供各种回路并头或分头
3	试验端子	一般用在交流电流回路，以便接入试验仪器时，不使电流互感器开路
4	试验连接端子	既能提供试验，又可供并头或分头用的端子
5	保险端子	用于需要很方便地断开回路的场合，例如接入交流电压回路
6	光隔端子	端子上装有光隔元件，适用于开入回路
7	终端端子	用于固定或分隔不同安装单位的端子排

同类型的接线端子外形各不相同，可通过外形辨别相关回路。

（3）端子排的排列原则。端子排根据屏内设备布置，按方便接线的原则，布置在屏的左侧或右侧。在同一侧端子排上，不同安装单位端子排的中间用终端端子隔离，每一安装单位的端子排一般按回路分类成组集中布置。不同生产厂家的保护屏（柜）规定了端子排设计原则是：

1）按照"功能分区，端子分段"的原则，根据继电保护屏（柜）端子排功能不同，分段设置端子排。

2）端子排按段独立编号，每段应预留备用端子。

3）公共端、同名出口端采用端子连线。

4）交流电流和交流电压采用试验端子。

5）跳闸出口采用红色试验端子，与直流正电源端子适当隔开。

6）一个端子的每一端只能接一根导线。

对不同类型的保护装置规定了统一的装置编号和端子编号，见表 0-6 和表 0-7，对不同类型的保护装置用英文字母 n 前缀数字编号，屏（柜）背面端子排的文字符号前缀数字与装置编号中的前缀数字相一致。

不同生产厂家的保护屏（柜）规定了背面端子排设计原则，见表 0-9。

表 0-9　　　　　　　　　　　　保护屏（柜）背面端子排设计原则

自上而下依次排列顺序	左排端子排		右排端子排	
	名称	文字符号	名称	文字符号
1	直流电源段	ZD	交流电压段	UD
2	强电开入段	QD	交流电流段	ID
3	对时段	OD	信号段	XD
4	弱电开入段	RD	遥信段	YD
5	出口正段	CD	录波段	LD
6	出口负段	KD	网络通信段	TD
7	与保护配合段	PD	交流电源	JD
8	集中备用段	1BD	集中备用段	2BD

在查找某一回路时，要把表 0-6、表 0-7、表 0-9 合起来读。例如，1UD 就是线路保护 1n 的交流电压段端子排，4QD 就是操作箱 4n 的强电开入段端子排等，以此类推。

（四）端子排接线图的识图方法

端子排接线图一般分为 4 栏（或 3 栏），图 0-12 所示为装于屏背左侧的端子排，左侧端子排各格顺序为自右向左，右侧端子排各格顺序为自左向右，每格的含义为：第一格，表示连接屏内设备的文字符号及该设备的接线端子编号；第二格，表示接线端子的排列顺序号和端子的类型；第三格，表示回路标号；第四格，表示控制电缆或导线走向屏外设备或屏顶设备的符号及该设备的接线端子号。

二次回路的
相对标号法

（五）屏内设备接线图的绘图原则

为了配线方便，在屏内设备接线图中对各元件和端子排都采用相对标号法进行标号，用以说明这些元件间的相互连接关系，如图 0-13 所示。该方法采用对等原则，即每一条连接导线的任一端标以对侧所接设备的标号和端子号，故同一导线两端的标号是不同的。一个相对编号代表一个接线端头，一对相对编号就代表一根连接线。在图上可清楚地找到所需连接的端子，却看不到线条。

继电保护二次
回路功能实现

（六）屏内设备接线图的识图方法

把设备标号和接线标号加在一起，每一个接线柱有唯一的相对标号。常用的是"安装单位标号"或"设备名称：接线柱标号"格式。例如图 0-13 中，安装单位设备名称为 1n 的端子"1"旁标有"1D：1"，表示该端子连到设备名称为 1D（端子排）的"1"端子。对等的，1D 的"1"端子旁标有"1n：1"，即表示该端子接向 1n 的"1"端子。掌握相对标号法的对等原则，有助于我们根据原理图查找屏上实际接线，或根据接线图反推原理接线。

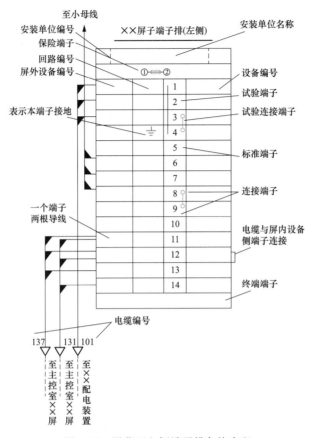

图 0-12　屏背面左侧端子排各格含义

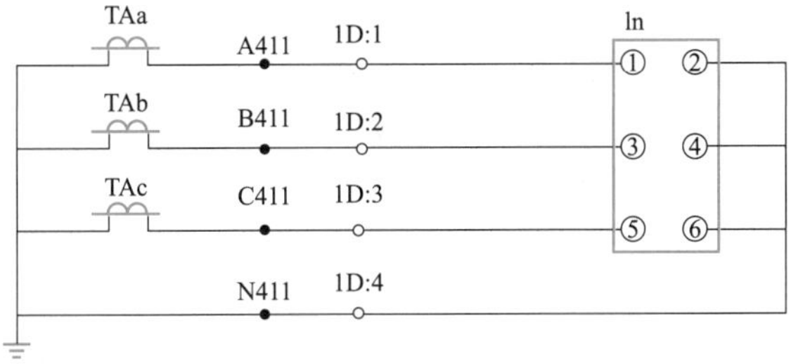

线路保护屏
功能

图 0-13　采用相对标号法的二次安装接线图

1D 电流			
1n:1	1	A411	TAa
1n:3	2	B411	TAb
1n:5	3	C411	TAc
1n:6	4	N411	TAn
	5		

变电站操作电源二次回路的
检验与异常处理

情境描述

变电站操作电源二次回路的检验与异常处理，是继电保护检修人员的典型工作情境。本情境可涵盖的工作任务主要包括变电站操作电源二次回路的检验，直流电源系统异常的判断与处理，以及相关规定、规程、标准的应用等。

情境目标

通过本情境学习应该达到以下目标。

（1）知识目标：熟悉变电站操作电源的基本组成及作用，理解操作电源二次回路原理，明确操作电源二次回路检验的有关规程、规定及标准。

（2）能力目标：能够根据操作电源二次回路原理图纸、接线图纸，按照相关规程要求在专人监护和配合下正确完成操作电源二次回路的检验；能够根据信号、信息及其他现象判断变电站操作电源二次回路运行状态；能够在专人监护和配合下处理操作电源二次回路常见的异常和故障。

（3）素质目标：牢固树立变电站操作电源二次回路运行维护与检验过程中的安全风险防范意识，严格按照标准化作业流程进行。

工具及材料准备

本情境任务主要完成变电站操作电源二次回路检验及直流系统发生异常（故障）的判断与处理，需要准备的工具及材料如下。

（1）万用表。

（2）适当长度、数量的短接线和接地线。

（3）直流熔断器专用装卸工具。

（4）绝缘电阻表。

（5）工具箱1个。

（6）对讲机数只。

（7）线手套数双。

（8）安全帽数个。

人员准备

（1）教师及学生应着长袖棉质工装，佩戴安全帽，二次回路上工作时应戴线手套。

（2）每4～5名学生分为一组，各组学生轮流开展实操，每组人员合理分配，分别进行测量、监护和记录数据。

（3）教师在学生实训期间必须始终在现场，不得擅自离开；如果确需离开，必须停止学生的实训操作。

（4）试验前后应对被试品进行充分放电，放电应戴绝缘手套。加压前，教师必须对试验接线进行检查，经确认无误后，方可加压。

场地准备

（1）实训现场应配备合格、充足的安全工器具，并正确使用。

（2）实训现场应具备明显的应急疏散标识。

（3）检验时要在工作地点四周装设围栏和标识牌。

任务一　变电站操作电源二次回路的检验

任务目标

学习变电站操作电源二次回路前，学生已经具备了变电站一次设备和继电保护等二次设备的相关知识，对电气设备及工作环境、工作内容和要求有了整体的了解。本学习任务主要以变电站操作电源的知识和技能为载体，通过直流系统二次接线正确性及绝缘检查，培养学生熟悉操作电源二次回路及技术应用，重点突出专业技能以及职业核心能力培养。

任务描述

主要完成变电站操作电源二次回路检验，包括直流系统馈线屏接线检查、直流支路绝缘检查两部分，以某110kV变电站一体化电源中操作电源部分二次回路验收为例阐述工作过程。

知识准备

一、变电站直流电源系统

蓄电池是一个独立可靠的直流电源，当交流电源消失仍能在一定时间内保证可靠供电。因此，在变电站中主要的一次设备，如断路器、隔离开关等的操作控制系统大多选用直流电源供电；几乎所有的二次设备，如保护装置、测控装置、自动装置等的工作电源均采用直流电源供电。变电站中直流电源系统必须保证可靠安全。

变电站直流系统

（一）变电站的直流负荷分类

（1）DL/T 5044—2014《电力工程直流电源系统设计技术规程》中将直流负荷按功

能分为控制负荷和动力负荷。

1）控制负荷是指用于电气的控制、信号、测量、继电保护、自动装置和监控系统等小容量的负荷。这类负荷在变电站中数量多、范围广，但容量小。

2）动力负荷是指电磁操作的断路器操动机构、交流不停电电源装置等大功率的负荷。具体包括：各类直流电动机、高压断路器电磁操动合闸机构、交流不间断电源装置、直流/直流变换装置、直流应急照明负荷。

（2）直流负荷按性质可分为经常负荷、事故负荷和冲击负荷。

1）经常负荷是指在正常运行时，由直流电源不间断供电的负荷，包括下列负荷：长明灯、连续运行的直流电动机、逆变器、电气控制装置、保护装置、DC/DC变换装置。

2）事故负荷是指当变电站失去交流电源全站停电时，由直流电源供电的负荷，包括下列负荷：事故中需要运行的直流电动机、直流应急照明、交流不间断电源装置。

3）冲击负荷包括高压断路器跳闸、直流电动机启动电流等。

（二）直流电源系统电压设置原则

（1）控制负荷的直流电源系统电压一般采用110V，也可采用220V。

（2）动力负荷的直流电源系统电压一般采用220V。

（3）控制负荷和动力负荷合并供电的直流电源系统电压也可采用220V或110V。

（4）Q/GDW 11310—2014《变电站直流电源系统技术标准》规定，设备在正常浮充电状态下运行，当提供冲击负荷时，要求其直流母线上电压不得低于直流标称电压的90％。

（5）Q/GDW 11310—2014《变电站直流电源系统技术标准》规定，设备在正常运行时，交流电源突然中断，直流母线应连续供电，其直流母线电压波动瞬间的电压不得低于直流标称电压的90％。

（三）对直流电源系统的基本要求

（1）正常运行时直流母线电压的变化应保持在额定电压的±10％范围内。若电压过高，容易使长期带电的二次设备过热或者损坏；若电压过低，可能使断路器、保护装置等设备不能正常工作。

（2）蓄电池的容量应足够大，以保证在浮充电设备因故停运而其单独运行时，能维持继电保护及控制回路的正常运行。

（3）充电设备稳定可靠，能满足各种充电方式的要求，并有一定的冗余度。

（4）直流系统的接线应力求简单可靠，便于运行与维护，并能满足继电保护装置及控制回路供电可靠性要求。

（5）具有完善的异常、事故报警系统及直流电源分级保护系统。当直流系统发生异常或运行参数越限时，能发出报警信号；当直流系统某一支路发生短路故障时，能快速而有选择性地切除故障馈线，而不影响其他直流回路的正常运行。

（6）直流回路中保护电器应选用直流断路器，保护电器的配置，应根据直流系统短路电流计算结果选择，保证可靠性、选择性、灵敏度和速动性。

（四）变电站直流电源系统的典型接线

变电站直流电源系统主要由直流电源、直流母线及直流馈线等组成，直流电源包括蓄电池组及其充电设备，直流馈线由主干线及支馈线构成。蓄电池组是由一定数量的蓄电池串联成组供电的一种与电力系统运行方式无关的直流电源系统，供电可靠性高，蓄电池电压平稳、容量较大，能够满足变电站直流负荷及变电站对操作电源的基本要求。在变电站中，广泛采用浮充运行的蓄电池直流系统。其典型接线为：

变电站直流
系统的组成

（1）一组蓄电池配置一套充电设备接线方式，宜采用单母线接线，接线简图如图 1-1(a) 所示。

（2）一组蓄电池配置两套充电设备接线方式，宜采用单母线分段接线，两套充电装置应接入不同母线段，接线简图如图 1-1(b) 所示。蓄电池组跨接在两段母线上，可随意切换到任一组母线，也可两段母线同时运行，当站用电有双电源，充电和浮充电设备应接不同的交流电源。

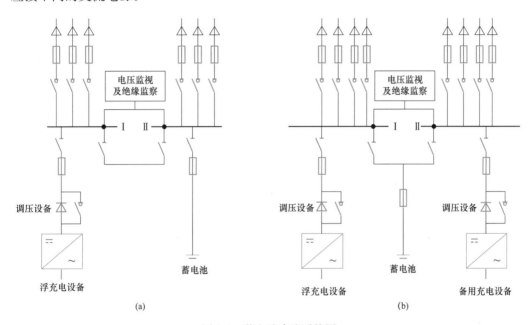

图 1-1　蓄电池直流系统图
（a）一组蓄电池一台充电装置接线方式；（b）一组蓄电池两台充电装置接线方式

下面以 110kV 新寺沟变电站的 GQH-TD 型一体化电源为例进行简要介绍。常见的 110kV 变电站直流系统主要采用单电单充方案，配置设备，1 组蓄电池，1 套充电装置（11AD～1nAD 共 4 台充电模块构成一套）；接线方式，直流系统采用单母线接线；供电方式，辐射状供电方式。

直流电源系统接线原理图如图 1-2 所示。直流系统的工作原理为两路交流输入经交流配电单元互投后，选择其中一路交流输入提供给充电模块；充电模块输出稳定的直流电源，一方面对蓄电池组补充充电，另一方面提供给各种直流负荷用电，为负载提供正常的工作电流；绝缘监测单元可在线监测直流母线和各支路的对地绝缘状况；直流系统配置集中监控单元可实现对交流配电单元、充电模块、直流馈电、绝缘监测单元、直流母线和蓄电池组等运行参数的采集与各单元的控制和管理，并可通过远程接口接受后台操作员的监控。

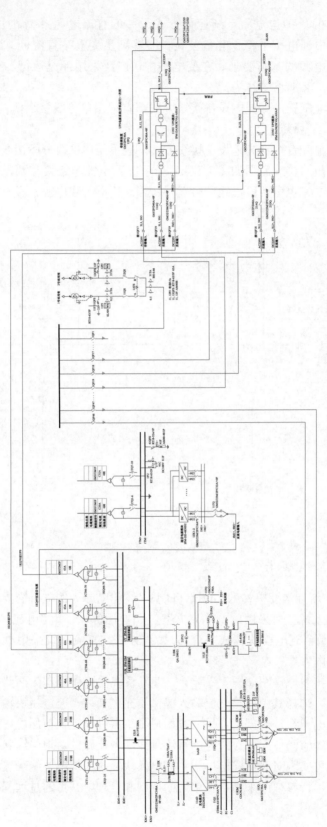

图 1-2　110kV 新寺沟变电站直流系统原理图

（五）直流母线及输出馈线

蓄电池组的输出与充电设备的输出并接在直流母线上，直流母线汇集直流电源输出的电能，并通过各直流馈线输送到各个直流回路及其他直流负载。

正常运行时蓄电池输出为 0，直流负荷有充电机供给。控制负荷和动力负荷对直流操作电源的要求不同，一般情况下分设控制母线（直流 220V）和动力母线（直流 240V）。在电厂，控制和动力母线则由单独的直流设备分别提供；在变电站，由于设备容量较小，不分控制母线和动力母线，统一由直流 240V 母线馈出。变电站的直流供电网络由直流控制母线经直流空气断路器或经隔离开关和熔断器引出，供电给控制、保护、自动装置、信号、事故照明和交流不停电电源等若干相互独立的分支系统。

直流系统工作
原理

（六）直流电源分配原则

直流电源系统馈出网络应采用集中辐射或者分层辐射供电方式，分层辐射供电方式应按电压等级设置分电屏，严禁采用环状供电方式。断路器储能电源、隔离开关电机电源、35（10）kV 开关柜屏顶可采用每段母线辐射供电方式。

1. 直流电源引入至各电气间隔

在直流馈电屏上选取接于直流母线的馈线空气断路器，敷设直流电源电缆，供给主控室内各二次屏柜的保护电源（装置电源）、控制电源，采用集中辐射式网络一对一供电方式。

在直流馈电屏上选取接于直流母线的馈线空气断路器，敷设直流电源电缆，引至 35（10）kV 开关柜各电气间隔的屏顶小母线，用于控制电源、保护电源（装置电源）、储能电源，采用每段母线辐射供电的供电方式。

在直流馈电屏上选取接于直流母线的馈线空气断路器，敷设直流电源电缆，引至户外各断路器、隔离开关端子箱，用于储能电源、隔离开关电机电源，采用每段母线辐射供电的供电方式。

2. 各电气间隔内直流控制电源分配

各电气间隔保护屏内电源的分配以能实现装置单独断电而不影响操作电源和其他装置为原则，由保护屏端子排分别配线至屏后顶部控制电源空气断路器、遥信电源空气断路器、装置电源空气断路器上端，空气断路器相互之间不联系，屏内操作回路、各装置电源由屏后空气断路器下端引出。

（七）蓄电池常用充电方式

均衡充电：为补偿蓄电池在使用过程中产生的电压不均匀现象，使其恢复到规定的范围内而进行的充电。一般充电电压较高，常用作快速恢复电池容量。

浮充电：在充电装置的直流输出端始终并接着蓄电池和负载，以恒压充电方式工作。正常运行时，充电装置在承担经常性负荷的同时向蓄电池补充充电，以补偿蓄电池的自放电，使蓄电池组以满容量的状态处于备用，该充电方式叫作浮充电。此时，充电电源与蓄电池组

阀控铅酸蓄
电池的特点
及应用

阀控铅酸蓄
电池的工作
方式

并联运行。

（八）集中监控单元

为测量、监视及调整直流系统运行状况及发出异常报警信号，对直流系统应设置监控装置。可实现对交流配电单元、充电模块、直流馈电、绝缘监测单元、直流母线和蓄电池组等运行参数的采集与各单元的控制和管理，并可通过远程接口实现与后台监控的通信。

二、危险点分析及防范措施

（1）直流母线上的工作，应防止直流回路短路、接地及交流窜入直流系统。

（2）工作中禁止使用没有绝缘防护措施的工具，应使用绝缘工具或使用绝缘胶布对工具导电暴露部位进行包裹。

（3）正确使用万用表挡位，直流电使用直流挡，交流电使用交流挡，在确保被测物体不带电时才能使用电阻挡，防止测试时损坏万用表。

（4）使用绝缘电阻表时，如被测物体为正常带电体时，必须先断开电源，对被测物品充分放电，然后测量，否则会危及人身设备安全。在进行测量操作时人体各部分不可触及绝缘电阻表接线部分。

 任务实施

一、直流系统馈线屏接线检查

1. 查阅直流电源屏屏面布置图等资料

110kV 新寺沟变电站一体化电源屏屏面布置图如图 1-3 所示，交流进线柜屏面布置图如图 1-4 所示，屏上设备作用见表 1-1。直流馈线柜屏面布置图如图 1-5 所示，屏上设备作用见表 1-2。通过这些图纸，可以看到这些屏面都装有哪些设备，它们是如何排列和安装的。通过设备表，可以了解所装设备的型号、名称、作用、技术参数和安装数量等信息。

表 1-1 　　　　　　　　　　　　　屏 上 设 备 作 用 表

设备标号	名称	作用
1IPC	智能交流采集单元	实现交流电源的遥信、遥测等信号的采集上送
1ATS	双电源切换开关	实现双路交流电源自动切换功能、实现电气与机械双闭锁
11QF、12QF	塑壳断路器	分别实现交流进线一、二的开断功能

1 号充电柜
一览

2. 直流系统馈线屏接线检查

（1）检查直流系统馈线回路分配图应与端子排接线图保持一致，并填写检查记录单，见表 1-3。图 1-6 中 1KQ1、1KQ2、1KQ3、1KQ4、1KQ5、1KQ6 应与图 1-7 中保持一致；图 1-6 右侧端子标注＋BM、－BM 分别为保护回路直流正负电源，标注＋KM、－KM 分别为控制回路直流正负电源。

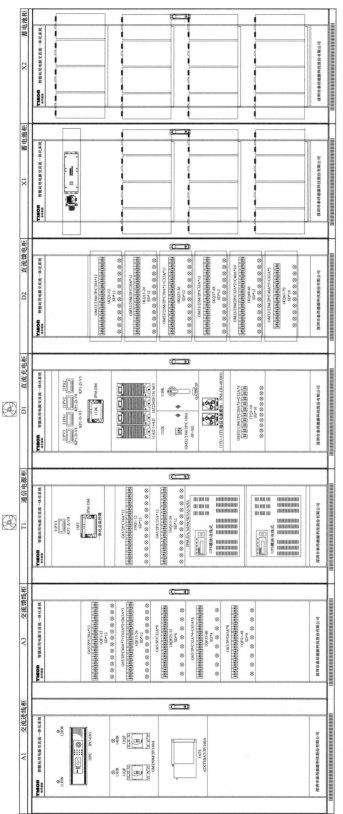

图1-3　110kV新辛沟变电站一体化电源屏屏面布置图

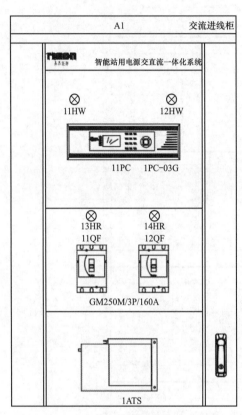

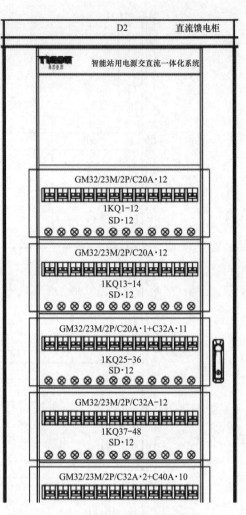

图 1-4　交流进线柜屏面布置图　　图 1-5　直流馈电柜屏面布置图

室内控制柜
一览　　1号交流馈线柜
一览　　2号交流馈线柜
一览　　1号交流进线柜
一览　　2号交流进线柜
一览

1号直流馈线柜
一览　　2号直流馈线柜
一览　　2号充电柜
一览

表 1-2 屏 上 设 备 作 用 表

设备标号	名称	作用
1KQ1-70	微型断路器	实现直流 220V 电源馈线开断功能

表 1-3 直流系统馈线回路分配检查记录单

直流系统馈线回路分配检查		验收人：	验收结论：是否合格		问题说明：
1	端子排接线图 1KQ1 与直流系统馈线回路分配是否保持一致	现场检查	□是	□否	
2	端子排接线图 1KQ2 与直流系统馈线回路分配是否保持一致	现场检查	□是	□否	
3	端子排接线图 1KQ3 与直流系统馈线回路分配是否保持一致	现场检查	□是	□否	
4	端子排接线图 1KQ4 与直流系统馈线回路分配是否保持一致	现场检查	□是	□否	
5	端子排接线图 1KQ5 与直流系统馈线回路分配是否保持一致	现场检查	□是	□否	
6	端子排接线图 1KQ6 与直流系统馈线回路分配是否保持一致	现场检查	□是	□否	

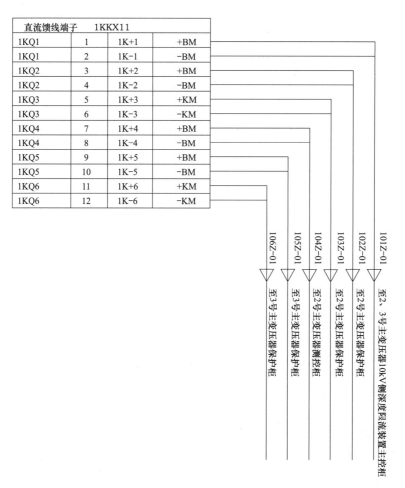

图 1-6 直流馈线端子接线图

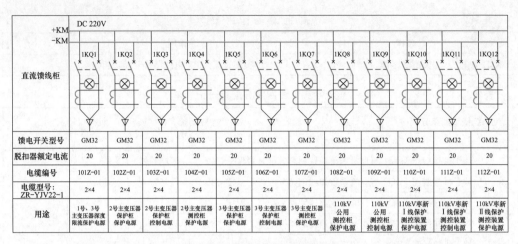

图 1-7　直流系统馈线回路分配图

馈电开关型号	GM32	GM32	GM32	GM32	GM32	GM32	GM32	GM32	GM32	GM32	GM32	GM32
脱扣器额定电流	20	20	20	20	20	20	20	20	20	20	20	20
电缆编号	101Z-01	102Z-01	103Z-01	104Z-01	105Z-01	106Z-01	107Z-01	108Z-01	109Z-01	110Z-01	111Z-01	112Z-01
电缆型号: ZR-YJV22-1	2×4	2×4	2×4	2×4	2×4	2×4	2×4	2×4	2×4	2×4	2×4	2×4
用途	1号、3号主变压器深度限流保护电源	2号主变压器保护柜保护电源	2号主变压器保护柜控制电源	2号主变压器测控柜保护电源	3号主变压器保护柜保护电源	3号主变压器保护柜控制电源	3号主变压器测控柜保护电源	110kV公用测控柜保护电源	110kV公用测控柜控制电源	110kV枣新I线保护测控装置保护电源	110kV枣新I线保护测控装置控制电源	110kV枣新II线保护测控装置保护电源

（2）根据表 1-4 所示电缆验收检查记录单，对照图 1-6 中电缆出线编号，检查电缆编号、电缆型号是否正确，每个端子上接入不超过线芯截面积相等的两芯线，交、直流不能在同一段端子排上，所有二次电缆及端子排二次接线的连接应可靠，芯线标识管齐全、正确、清晰，与图纸设计一致。

表 1-4　　　　　　　　　　　电缆验收检查记录单

电缆编号	电缆型号	芯数×截面积（mm²）	备用芯数	起点	终点	长度（m）	验收结论是否合格
101Z-01	ZR-VV22-1	2×4	0	直流馈电柜	2、3号主变压器 10kV侧深度限流装置主控柜	14	□是 □否
102Z-01	ZR-VV22-1	2×4	0	直流馈电柜	2号主变压器保护柜	10	□是 □否
103Z-01	ZR-VV22-1	2×4	0	直流馈电柜	2号主变压器保护柜	10	□是 □否
104Z-01	ZR-VV22-1	2×4	0	直流馈电柜	2号主变压器保护柜	10	□是 □否
105Z-01	ZR-VV22-1	2×4	0	直流馈电柜	3号主变压器保护柜	9	□是 □否
106Z-01	ZR-VV22-1	2×4	0	直流馈电柜	3号主变压器保护柜	9	□是 □否

（3）根据表 1-5，进行蓄电池组电缆检查。

表 1-5　　　　　　　　　　　蓄电池组电缆检查记录单

蓄电池组电缆检查记录		验收人：　　　验收结论：是否合格	问题说明：	
1	检查蓄电池组正极和负极引出电缆是否选用单根多股铜芯电缆，分别铺设在各自独立的通道内，在穿越电缆竖井时，两组蓄电池电缆是否加穿金属套管	现场检查	□是 □否	
2	检查蓄电池组电源引出电缆不应直接连接到极柱上，应采用过渡板连接，检查电缆接线端子处应有绝缘防护罩	现场检查	□是 □否	
3	检查电缆芯线标识应用线号机打印，不能手写芯线	现场检查	□是 □否	
4	电缆芯线标识应包括回路编号、本侧端子号及电缆编号	现场检查	□是 □否	
5	电缆备用芯应挂标识管并加装绝缘线帽	现场检查	□是 □否	
6	电缆回路号的编制应符合二次接线设计技术规程原则要求	现场检查	□是 □否	

二、直流支路绝缘检查

用 BY2671 型数字绝缘电阻表（如图 1-8 所示）测量 102Z-01 支路绝缘。

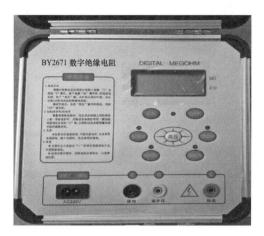

UPS 电源柜
一览

事故照明柜
一览

绝缘电阻表的
使用

图 1-8　BY2671 数字绝缘电阻表面板

（1）在直流馈线屏断开 2 号主变压器馈线柜空气断路器 1KQ2，并在空气断路器上悬挂"禁止合闸，有人工作！"标识牌。

（2）在 2 号主变压器保护屏断开 2 号主变压器保护装置电源空气断路器，并在空气断路器上悬挂"禁止合闸，有人工作！"标识牌，确保回路馈线已隔离。

（3）测试前，将黑色表笔与红色表笔短接，进行仪器自检，此时绝缘电阻应为 0Ω，如图 1-9 所示。

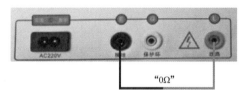

变电站操作电
源二次回路的
检验

图 1-9　绝缘电阻测试仪器自检图

（4）在 2 号主变压器保护屏直流馈线端子处，对被测回路进行放电，佩戴绝缘手套，用短接线短接 102Z-01 馈线支路端子与地，保证测试数据的准确性。

（5）按照仪器要求正确接线，接线如图 1-10 所示，在 2 号主变压器保护柜直流馈线端子处，将黑色表笔接地，红色表笔接入到被测试回路 102Z-01 馈线支路端子，开启电源开关"ON"，按照规程选择 1000V 电压等级，"1000V"电压指示灯亮代表所选电压挡，轻按"高压"启停键，"高压"指示灯亮，LCD 显示的稳定数值即为被测的绝缘电阻值。

（6）测试时，待数据稳定后读取电阻数值，检查读数应大于 10MΩ。

（7）读数后，在 2 号主变压器保护屏直流馈线端子处，对被测回路进行放电，佩戴绝缘手套，用短接线短接 102Z-01 馈线支路端子与地，确保设备和人身安全。

（8）测试完成后，关闭高压时，按下"高压"键，关闭整机电源时按下电源"OFF"键。

（9）填写直流支路绝缘检查记录单，见表 1-6。

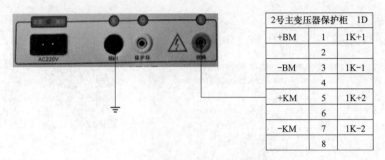

2号主变压器保护柜		1D
+BM	1	1K+1
	2	
−BM	3	1K-1
	4	
+KM	5	1K+2
	6	
−KM	7	1K-2
	8	

图 1-10　绝缘电阻测试接线图

表 1-6　　　　　　　　　　　　直流支路绝缘检查记录单

直流支路绝缘检查		验收人：	验收结论： 是否合格	问题说明：
1	断开 2 号主变压器馈线柜空气断路器 1KQ2，并在空气断路器上悬挂"禁止合闸，有人工作！"标识牌	现场检查	□是　□否	
2	在 2 号主变压器保护屏断开 2 号主变压器保护装置电源空气断路器，并在空气断路器上悬挂"禁止合闸，有人工作！"标识牌，确保回路馈线已隔离	现场检查	□是　□否	
3	黑色表笔与红色表笔短接，进行仪器自检，绝缘电阻应为 0Ω	现场检查	□是　□否	
4	在 2 号主变压器保护屏直流馈线端子处，对被测回路进行放电，佩戴绝缘手套，用短接线短接 102Z-01 馈线支路端子与地	现场检查	□是　□否	
5	按照仪器要求正确接线	现场检查	□是　□否	
6	测试时，待数据稳定后读取电阻数值，检查读数应大于 10MΩ	现场检查	□是　□否	
7	读数后，在 2 号主变压器保护屏直流馈线端子处，对被测回路进行放电，佩戴绝缘手套，用短接线短接 102Z-01 馈线支路端子与地，确保设备和人身安全	现场检查	□是　□否	
8	测试完成后，关闭高压时，按下"高压"键，关闭整机电源时按下电源"OFF"键	现场检查	□是　□否	

 任务评价

操作电源二次回路检验任务评价表						
姓名		学号				
序号	评分项目	评分内容及要求	评分标准	扣分	得分	备注
1	预备工作 （5分）	（1）安全着装。 （2）仪器仪表检查。 （3）被试品检查	（1）未按照规定着装，每处扣 0.5 分。 （2）仪器仪表选择错误，每次扣 1 分；未检查扣 1 分。 （3）被试品检查不充分，每处扣 1 分。 （4）其他不符合条件，酌情扣分			
2	班前会 （10分）	（1）交待工作任务及任务分配。 （2）危险点分析。 （3）预控措施	（1）未交待工作任务，每次扣 2 分。 （2）未进行人员分工，每次扣 1 分。 （3）未交待危险点，扣 3 分；交待不全，酌情扣分。 （4）未交待预控措施，扣 2 分。 （5）其他不符合条件，酌情扣分			

续表

序号	评分项目	评分内容及要求	评分标准	扣分	得分	备注
3	直流系统馈线回路分配检查（15分）	(1) 安全围栏。 (2) 标识牌。 (3) 正确检查	(1) 未设置安全围栏，扣3分；围栏设置不正确，扣1分。 (2) 未摆放任何标识牌，扣3分；漏摆一处扣1分；标识牌摆放不合理，每处扣1分。 (3) 未正确检查，每处扣2分。 (4) 其他不符合条件，酌情扣分			
4	电缆验收检查记录（10分）	(1) 安全围栏。 (2) 标识牌。 (3) 正确检查	(1) 未正确检查，每处扣2分。 (2) 其他不符合条件，酌情扣分			
5	蓄电池组电缆检查（10分）	(1) 安全围栏。 (2) 标识牌。 (3) 正确检查	(1) 未正确检查，每处扣2分。 (2) 其他不符合条件，酌情扣分			
6	直流支路绝缘检查（15分）	(1) 安全围栏。 (2) 标识牌。 (3) 正确检查	(1) 未正确检查，每处扣3分。 (2) 其他不符合条件，酌情扣分			
7	验收卡（15分）	完整填写验收卡	(1) 未填写验收卡，扣10分。 (2) 未对验收卡结果进行判断，扣5分。 (3) 验收卡填写不全，每处扣1分			
8	整理现场（10分）	恢复到初始状态	(1) 未整理现场，扣5分。 (2) 现场有遗漏，每处扣1分。 (3) 离开现场前未检查，扣2分。 (4) 其他情况，请酌情扣分			
9	综合素质（10分）	(1) 着装整齐，精神饱满。 (2) 现场组织有序，工作人员之间配合良好。 (3) 独立完成相关工作。 (4) 执行工作任务时，大声呼唱。 (5) 不违反电力安全规定及相关规程				
10	总分（100分）					
试验开始时间：　　时　　分 结束时间：　　　　时　　分				实际时间： 　　　时　　分		
教师						

任务扩展

完成二次接线检查验收并填写验收单，见表1-7。

1. 图纸相符检查

二次接线美观整齐，电缆牌标识正确，挂放正确齐全，核对屏柜接线与设计图纸应相符。

2. 二次电缆及端子排检查

（1）一个端子上最多接入线芯截面积相等的两芯线，所有二次电缆及端子排二次接线的连接应可靠，芯线标识管齐全、正确、清晰，与图纸设计一致。

直流系统二次回路检查

（2）直流系统电缆应采用阻燃电缆，应避免与交流电缆并排铺设。

（3）蓄电池组正极和负极引出电缆应选用单根多股铜芯电缆，分别铺设在各自独立的通道内（如不能设置独立通道需加装阻燃、防爆、隔离护板等防火措施），在穿越电缆竖井时，两组蓄电池电缆应加穿金属套管。

（4）蓄电池组电源引出电缆不应直接连接到极柱上，应采用过渡板连接，并且电缆接线端子处应有绝缘防护罩。

3. 芯线标识检查

芯线标识应用线号机打印，不能手写。芯线标识应包括回路编号、本侧端子号及电缆编号，电缆备用芯也应挂标识管并加装绝缘线帽。芯线回路号的编制应符合二次接线设计技术规程原则要求。

4. 电缆工艺检查验收

（1）控制电缆排列检查。所有控制电缆固定后应在同一水平位置剥齐，每根电缆的芯线应分别捆扎，接线按从里到外、从低到高的顺序排列。电缆芯线接线端应制作缓冲环。

（2）电缆标签检查。电缆标签应使用电缆专用标签机打印。电缆标签的内容应包括电缆号、电缆规格、本侧位置、对侧位置。电缆标签悬挂应美观一致，以利于查线。电缆在电缆夹层应留有一定的裕度。

表 1-7　　　　站用直流电源系统竣工（预）验收标准卡（某 110kV 变电站）

站用直流电源系统基础信息	变电站名称		设备名称编号	
	生产厂家		出厂编号	
	验收单位		验收日期	

序号	验收项目	验收标准	检查方式	验收结论（是否合格）	验收问题说明
一、外观检查验收				验收人签字：	
1	外观检查	（1）屏上设备完好无损伤，屏柜无刮痕，屏内清洁无灰尘，设备无锈蚀。 （2）屏柜安装牢固，屏柜间无明显缝隙。 （3）直流断路器上端头应分别从端子排引入，不能在断路器上端头并接。 （4）保护屏内设备、断路器标识清楚正确。 （5）检查屏柜电缆进口防火应封堵严密	现场检查	□是 □否	
二、二次接线检查验收				验收人签字：	
2	图纸相符检查	二次接线美观整齐，电缆牌标识正确，挂放正确齐全，核对屏柜接线与设计图纸应相符	现场检查	□是 □否	
3	二次电缆及端子排检查	一个端子上最多接入线芯截面积相等的两芯线，所有二次电缆及端子排二次接线的连接应可靠，芯线标识管齐全、正确、清晰，与图纸设计一致。应满足 GB 50171—2012《电气装置安装工程　盘、柜及二次回路接线施工及验收规范》对二次电缆接线的要求	现场检查	□是 □否	
		直流系统电缆应采用阻燃电缆，应避免与交流电缆并排铺设	现场检查	□是 □否	

序号	验收项目	验收标准	检查方式	验收结论（是否合格）	验收问题说明
3	二次电缆及端子排检查	蓄电池组正极和负极引出电缆应选用单根多股铜芯电缆，分别铺设在各自独立的通道内（如不能设置独立通道需加装阻燃、防爆、隔离护板等防火措施），在穿越电缆竖井时，两组蓄电池电缆应加穿金属套管	现场检查	□是　□否	
		蓄电池组电源引出电缆不应直接连接到极柱上，应采用过渡板连接，并且电缆接线端子处应有绝缘防护罩	现场检查	□是　□否	
4	芯线标识检查	芯线标识应用线号机打印，不能手写。芯线标识应包括回路编号、本侧端子号及电缆编号，电缆备用芯也应挂标识管并加装绝缘线帽。芯线回路号的编制应符合二次接线设计技术规程原则要求	现场检查	□是　□否	
三、电缆工艺检查验收				验收人签字：	
5	控制电缆排列检查	所有控制电缆固定后应在同一水平位置剥齐，每根电缆的芯线应分别捆扎，接线按从里到外、从低到高的顺序排列。电缆芯线接线端应制作缓冲环	现场检查	□是　□否	
6	电缆标签检查	电缆标签应使用电缆专用标签机打印。电缆标签的内容应包括电缆号、电缆规格、本地位置、对侧位置。电缆标签悬挂应美观一致，以利于查线。电缆在电缆夹层应留有一定的裕度	现场检查	□是　□否	

学习与思考

（1）变电站二次设备中不同电气间隔能否使用同一个馈线支路电源，为什么？

（2）当测量蓄电池电压与显示巡检装置电压不一致时，如何处理？

（3）空气断路器级差检查过程中，若本级空气断路器未跳闸，上级空气断路器未跳闸，如何处理？

任务二 直流系统异常的判断与处理

任务目标

本学习任务主要内容为直流接地的危害、直流绝缘监测装置的工作原理、常见的直流系统异常（故障）产生原因、查找判断及处理方法。通过任务实施，学生能熟悉常见的直流系统异常（故障）告警信号及信息的含义，掌握常见的直流系统异常（故障）的判断与处理过程中各工具的用途、危险点分析方法及防范措施，能在专人监护和配合下完成操作电源异常（故障）的判断与处理。

直流接地的
危害

任务描述

主要完成直流系统的异常（故障）判断与处理，包括绝缘监测装置报"直流系统馈线屏馈出支路1绝缘下降""直流母线绝缘下降"等异常判断与处理。以某110kV变电站GQH-TD型直流系统发生异常（故障）判断与处理为例，阐述整个工作过程。

直流系统接地
定义

知识准备

一、直流接地的危害

直流系统是不接地系统，当直流系统的正极或负极与大地之间的绝缘水平降到某一整定值或低于某一规定值时，统称为直流系统接地。在直流系统中，直流正、负极对地是绝缘的，在发生一极接地时由于没有构成接地电流的通路而不引起任何危害，单极接地可以短时维持运行，此时需尽快对系统故障点排查处理。

当正极绝缘水平低于某一规定值时称为正接地，当负极绝缘水平低于某一规定值时称为负接地，如图1-11所示。

直流系统接地
故障的危害

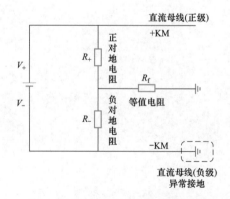

图1-11 直流系统负极接地示意图

直流接地按故障类型又分为直接接地（金属接地）、间接接地（非金属接地）、绝缘故障。

（1）当直流系统负极发生纯金属性接地故障后。此时，负极对地电压"V_-"为0V，正极对地电压"V_+"为220V。当然实际大多数接地故障不是纯金属性接地，因此接地极对地电压不为0V，可能出现负对地电压为-20V，正对地电压为200V的情况。

（2）当发生直流正极接地时可能造成保护及自动装置误动。如图1-12所示，A点发生接地后，如C点再发生接地时，会造成断路器误跳闸。同理两点接地还可能造成误合闸，误报信号。

（3）当发生直流负极接地时可能造成保护及自动装置拒动。如图1-12所示，B点发生接地后，如C点再发生接地时，跳闸线圈TQ两端被短接而不能动作，保护动作后断路器拒跳。

直流系统异常
的判断与处理

（4）当A、B两点同时发生接地时，将造成直流电源的正极与负极之间的短路故障，熔断器1FU、2FU熔断，导致控制回路直流电源消失。

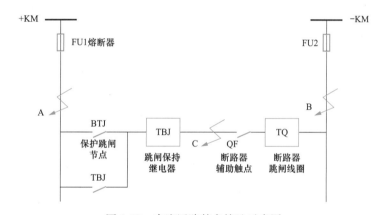

图1-12　直流回路某点接地示意图

二、引起直流接地及绝缘异常的常见情况

（1）由下雨天气引起的接地。在大雨天气，雨水渗入未密封严实的户外二次接线盒，使接线桩头和外壳导通起来，引起接地。例如气体继电器不装防雨罩，雨水渗入接线盒，当积水淹没接线柱时，就会发生直流接地和误跳闸。

直流系统接地
原因

（2）SF_6压力表密封不严，进水，发生直流接地。

（3）在持续的小雨天气（如梅雨天），潮湿的空气会使户外电缆芯破损处或者黑胶布包扎处，绝缘大大降低，从而引发直流接地。

（4）由小动物破坏引起的接地。当二次接线盒（箱）密封不好时，蜜蜂会钻进盒里筑巢，巢穴将接线端子和外壳连接起来时就引发直流接地。电缆外皮被老鼠咬破时，也容易引起直流接地。

（5）由挤压磨损引起的接地。当二次线与转动部件（如经常开关的开关柜柜门）靠在一起时，二次线绝缘皮容易受到转动部件的磨损，磨破时便造成直流接地。

（6）接线松动脱落引起接地。接在断路器机构箱端子排的二次线（如110kV断路器机构箱内的二次线），若螺栓未紧固，则在断路器多次跳合时接线头容易从端子中滑出搭在铁件上引起接地。

（7）插件内元件损坏引起接地。为抗干扰，插件电路设计中通常在正负极和地之间并联抗干扰电容，该电容击穿时引起直流接地。

（8）误接线引起接地。在二次接线中，电缆芯的一头接在端子上运行，另一头被误认为是备用芯或者不带电而让其裸露在铁件上，引起接地。在拆除电缆芯时，误认为电缆芯从端子排上解下来就不带电，从而不做任何绝缘包扎，当解下的电缆芯对侧还在运行时，本侧电缆芯一旦接触铁件就引发接地。

三、直流绝缘监测装置

当直流系统发生一点接地之后，应立即进行检查及处理，以避免发生两点接地故障。这就需要设置直流系统对地绝缘的监测装置，当直流系统对地绝缘严重降低或出现一点接地之后，立即发出报警信号。

1. 直流绝缘监测装置的基本要求

（1）应能正确反映直流系统中任一极绝缘电阻下降。当绝缘电阻降至 $15\sim20\mathrm{k}\Omega$ 及以下时，应发出灯光和音响预告信号。

（2）应能测定正极或负极的绝缘电阻下降，以及绝缘电阻的大小。

（3）应能查找直流系统发生接地的地点。

2. 直流绝缘监测装置结构

绝缘监测装置用于监测直流系统电压及绝缘情况，外观如图 1-13 所示，在直流系

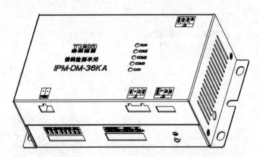

图 1-13　IPM-DM 型绝缘监测装置外观

统过、欠电压或直流系统绝缘强度降低等异常情况下发出声光告警，并将对应告警信息发至集中监控器。绝缘监测装置安装在直流充电屏上，分别在每回馈线断路器的抽屉内安装支路巡检传感器，各馈线断路器的引出线穿过传感器的中心孔。该装置监测正、负直流母线的对地电压和绝缘电阻，当正、负直流母线的对地绝缘电阻低于设定的报警值时，自动启动支路巡检功能。支路巡检采用直流有源电流互感器，不需向母线注入信号。每个电流互感器内含 CPU，被检信号直接在电流互感器内部转换为数字信号，由 CPU 通过串行口上传至绝缘监测仪主机。

四、查找直流接地的一般方法

直流系统发生一点接地之后，绝缘监测装置发出报警信号。运行及维护人员应尽快查找出接地点的具体位置，并予以消除。对于已经装设了绝缘监测装置的直流系统，绝缘监测装置可以确定出接地点所在的直流馈线回路。对于没有设置绝缘监测装置的直流系统，当出现一点接地故障之后，运行人员要缩小接地点可能所在的范围，即确定哪一条馈线回路发生了接地故障，确定接地点所在直流馈线回路的具体方法是拉路法。

拉路法是指依次、分别、短时切断直流系统中各直流馈线来确定接地点所在馈线回路的方法。例如，发现直流系统接地之后，先断开图 1-7 中某一直流馈线断路器 KQ，

观察接地现象是否消失。若接地现象消失，说明接地点在被拉馈线回路中，如果接地现象未消失，立即恢复对该馈线的供电，再断开另一条馈线进行检查。重复上述过程，直至判断出接地点所在的馈线。

用上述方法确定接地点所在馈线回路时，应注意以下几点：

（1）应根据运行方式、天气状况及操作情况，判断接地点所在的范围，以便在尽量少的拉路情况下能迅速确定接地点位置。

（2）拉路的顺序是先拉信号回路及照明回路，后拉操作回路；先拉室外馈线回路，后拉室内馈线回路。

（3）断开每一馈线的时间不应超过3s，不论接地是否在被拉馈线上，都应尽快恢复供电。

（4）当被拉回路中接有继电保护装置时，在拉路之前应将直流消失后容易误动的保护（例如发电机的误上电保护、启停机保护等）退出运行。

用拉路法找不出接地点所在馈线回路的原因如下。

（1）接地位置可能发生在充电设备回路中、蓄电池组内部或直流母线上。

（2）直流系统采用环路供电方式，而在拉路之前没断开环路。

（3）全直流系统对地绝缘不良。

（4）各直流回路互相串电或有寄生回路。

五、常见的直流系统异常（故障）告警信号及信息的含义、处理方法

1. 直流母线电压高

（1）现象。

1）音响报警，"直流母线故障"光字牌亮。

2）音响报警，"充电器故障"光字牌亮。

3）微机监控装置显示"母线电压高"。

（2）处理方法。

1）复归音响。

直流系统接地
故障现象

2）检查充电器的输出和绝缘监测装置，并用万用表测量以判断母线电压是否高于正常值。

3）若直流母线电压异常是因充电装置的故障引起，按充电装置故障处理。

4）若实测直流母线电压正常，而监控装置显示直流母线电压高，按自动化信息异常处理。

2. 直流母线电压低

（1）现象。

1）音响报警，"直流母线故障"光字牌亮。

2）音响报警，"充电器故障"光字牌亮。

3）微机监控模块显示"母线电压低"。

（2）处理方法。

1）复归音响。

2）检查充电器的输出和绝缘监测装置，并用万用表测量以判断母线电压是否低于正常值。

3）若直流母线电压异常是因充电器的故障引起，按充电装置故障处理。

4）若是因交流电源消失引起，应尽快恢复交流电源。

5）若实测直流母线电压正常，而监控装置显示直流母线电压低，按自动化信息异常处理。

3. 充电装置故障

(1) 现象。

1）音响报警，"充电装置故障"光字牌亮。

2）音响报警，"直流母线电压故障"光字牌亮。

3）就地充电装置面板上"异常"指示灯亮。

4）充电装置输出电压、电流异常。

(2) 处理方法。

1）复归音响。

2）检查蓄电池带直流负荷是否正常，检查与其并联运行的其他充电装置是否正常，若其他充电装置也异常，可能是输入过、失电压、输出过电压造成。

3）若为部分充电装置故障引起，在非故障充电装置不会过负荷情况下可维持正常方式运行，退出故障充电装置后处理。若故障台数过多，应迅速隔离故障充电装置，调整直流系统运行方式或加装备用充电装置，保证直流系统重要负荷运行正常。

4）故障排除后，投入充电装置运行，并恢复至原正常运行方式。

六、危险点分析及防范措施

(1) 直流系统发生接地故障，此时二次回路上工作如再发生接地会形成两点接地或多点接地，而直流系统两点接地可能造成保护误动或拒动，工作中使用的工器具应绝缘处理。

(2) 使用内阻小于 $2000\Omega/V$ 的万用表检查测量直流对地电压，如果系统中已存在一点接地，用万用表测量对地电压时，因万用表阻抗小，负极电源经小电源接通，可能造成直流系统两点接地、保护误动或拒动，因此测试时使用的仪表内阻应不低于 $2000\Omega/V$。

(3) 测量直流电源对地电压时，表笔连接被测导体，此时若直接转动操作旋钮切换挡位可能使保护回路正、负极电源通过万用表小电阻测量回路（如电阻挡）与地接通，造成直流系统两点接地、保护误动或拒动。测试时一人测试，一人监护，先调整挡位，再进行测试，直流系统上的工作，应使用直流挡，禁止使用交流挡。

(4) 断开馈线断路器时，为防止误出口，应先向调度人员申请退出保护出口连接片后进行。

(5) 断开馈线断路器时间过长时存在一次设备故障保护拒动的风险。工作中，馈线空气断路器断开的时间不应超过 3s，断开前后应用万用表监测电压变化情况。

任务实施

以某 110kV 变电站直流系统接地为例，简要叙述处理过程。

一、现场描述

某 110kV 变电站一体化监控装置告警，报"正负母线对地压差偏大""1KQ1 馈出支路绝缘下降""直流母线绝缘下降",如图 1-14 所示。检查直流系统正对地电压＋32V,负对地电压－189V。

图 1-14　一体化监控装置告警图

二、故障排查

根据竣工图纸核实直流馈线电源使用情况：1 号馈线支路为 111 线路测控装置电源。根据绝缘监测装置信号提示,使用拉路法进行直流接地处理。

直流系统接地
点查找过程

（1）一人将万用表打到直流电压挡位,监视直流母线电位变化,一人操作断开 1 号馈线空气断路器 1KQ1,若直流电压恢复正常,接地消失,说明接地点在被拉 1 号馈线回路上,如图 1-15 所示。确认后操作人员及时恢复 1 号馈线空气断路器。

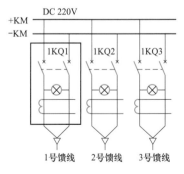

直流馈线端子	1KKX11		
1KQ1-1	1		+KM
1KQ2-1	2		
1KQ3-1	3		
1KQ1-2	4		-KM
1KQ2-2	5		
1KQ3-2	6		

图 1-15　万用表测 1 号馈线回路直流接地

（2）遵循先上级、后下级,先次要、后重要,先室外、后室内,先信号、后操作的原则。一人在 111 线路测控屏处拉开 111 遥信电源空气断路器 KQ1,一人用万用表直流电压挡监视直流母线电位变化,当遥信电源断开时直流母线电压恢复正常,说明接地点在遥信电源回路,如图 1-16 所示。

111线路测控屏GD			
KQ1-1	1	+KM	红+
KQ1-2	2	-KM	黑-
KQ1-3	3	YX+	
	4		
KQ1-4	5	YX-	
	6		

（万用表直流电压）

图 1-16　万用表测 111 线路遥信电源回路直流接地

直流系统接地故障的分析

（3）一人用万用表直流电压挡监视直流母线的同时，另一人在端子排处依次拆除遥信回路二次接线并套绝缘帽，拆除后用二次安全措施票记录，若拆除某一、二次接线时直流母线电压恢复，说明接地点已找到。

（4）当确定接地点所在直流馈线回路之后，应由运行人员配合维护人员查找出接地点的位置，并予以消除。

运行中直流系统对地绝缘降低造成直接接地的原因，通常有二次回路导线外层绝缘破坏、水淋受潮、二次设备受潮等，在雨天容易发生。接地点多出现在室外端子箱、断路器操作箱或保护屏处。

直流系统接地故障查找注意事项

在查找接地点及处理时，应注意以下事项。

（1）查找和处理必须由两人同时进行。

（2）应使用带绝缘的工具，以防造成直流短路或出现另一点接地。

（3）需进行测量时，应使用高内阻电压表或数字万用表，表计的内阻应不低于 $2000\Omega/V$，严禁使用电池灯（通灯）进行检查。

（4）需办理第二种工作票，填写二次安全措施票，做好安全措施，严防查找过程中造成保护及自动装置误动、断路器跳闸等事故。

🔔 **任务评价**

直流接地查找任务评价表						
姓名		学号				
序号	评分项目	评分内容及要求	评分标准	扣分	得分	备注
1	预备工作（10分）	（1）安全着装。 （2）仪器仪表检查	（1）未按照规定着装，每处扣 0.5 分。 （2）仪器仪表选择错误，每次扣 1 分；未检查扣 1 分。 （3）其他不符合条件，酌情扣分			
2	班前会（12分）	（1）交待工作任务及任务分配。 （2）危险点分析。 （3）预控措施	（1）未交待工作任务，每次扣 2 分。 （2）未进行人员分工，每次扣 1 分。 （3）未交待危险点，扣 3 分；交待不全，酌情扣分。 （4）未交待预控措施，扣 2 分。 （5）其他不符合条件，酌情扣分			

续表

序号	评分项目	评分内容及要求	评分标准	扣分	得分	备注
3	查看绝缘监测装置（8分）	正确记录接地信息	（1）未记录正或负接地电压，扣3分。 （2）未记录正或负接地电阻，扣2分。 （3）未正确记录接地馈线空气断路器，扣3分			
4	放置安全措施（10分）	（1）安全围栏。 （2）标识牌	（1）未设置安全围栏，扣5分；设置不正确，扣3分。 （2）未摆放任何标识牌，扣5分；漏摆一处扣1分；标识牌摆放不合理，每处扣1分。 （3）其他不符合条件，酌情扣分			
5	万用表的使用（10分）	正确进行直流母线电压测试	（1）未正确使用直流电压挡进行电压测试，扣10分。 （2）未按照规定用黑表笔接触母线电压，扣5分。 （3）其他不符合条件，酌情扣分			
6	拉路法（20分）	（1）熟记拉路法操作顺序。 （2）及时恢复供电	（1）拉路顺序错误，每处扣5分。 （2）未及时恢复供电，扣10分			
7	试验报告（15分）	完整填写试验报告	（1）未填写试验报告，扣10分。 （2）未对试验结果进行判断，扣5分。 （3）试验报告填写不全，每处扣1分			
8	整理现场（5分）	恢复到初始状态	（1）未整理现场，扣5分。 （2）现场有遗漏，每处扣1分。 （3）离开现场前未检查，扣2分。 （4）其他情况，请酌情扣分			
9	综合素质（10分）	（1）着装整齐，精神饱满。 （2）现场组织有序，工作人员之间配合良好。 （3）独立完成相关工作。 （4）执行工作任务时，大声呼唱。 （5）不违反电力安全规定及相关规程				
10	总分（100分）					

试验开始时间：　　时　　分 结束时间：　　　　时　　分				实际时间： 　　时　　分
教师				

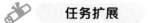 **任务扩展**

直流系统接地处理如下。

1. 现象

（1）监控系统发出直流接地告警信号。

（2）绝缘监测装置发出直流接地告警信号并显示接地支路。

（3）绝缘监测装置显示接地极对地电压下降，另一级对地电压上升。

2. 处理原则

（1）220V 直流系统两极对地电压绝对值差超过 40V 或绝缘电阻降低到 25kΩ 以下，110V 直流系统两极对地电压绝对值差超过 20V 或绝缘电阻降低到 15kΩ 以下，应视为直流系统接地。

（2）直流系统接地后，运维人员应记录时间、接地极、绝缘监测装置提示的支路号和绝缘电阻等信息。用万用表测量直流母线正对地、负对地电压，与绝缘监测装置核对后，汇报调控人员。

（3）出现直流系统接地故障时应及时消除，同一直流母线段，当出现两点接地时，应立即采取措施消除，避免造成继电保护、断路器误动或拒动故障。

查阅相关资料填写直流系统故障处理表（见表 1-8）。

表 1-8　　　　　　　　　　　直流系统故障处理表单

序号	故障现象	处理方法
1	蓄电池组输出熔断器熔断	
2	电压表无指示	
3	直流充电屏无电流输出	
4	馈线分支断路器跳闸	
5	蓄电池组发生故障	
6	直流电源系统设备发生短路，交流或直流失压	
7	蓄电池组发生爆炸、开路	

学习与思考

（1）对直流绝缘监测装置的基本要求是什么？

（2）直流接地的危害是什么？

（3）什么是拉路法？拉路法的基本原则是什么？

变电站控制回路的传动检验

情境描述

变电站控制回路的传动检验为继电保护检修人员的典型工作情境。本情境涵盖的工作任务主要包括断路器、隔离开关等控制回路传动检验，以及相关规定、规程、标准的应用和对反事故措施的具体掌握等。

情境目标

通过本情境学习应该达到以下目标。

（1）知识目标：熟悉断路器控制回路、隔离开关控制回路中二次设备的图形符号、文字符号；熟悉各控制回路编号原则；理解各控制回路原理；明确控制回路检验的有关规程、规定及标准。

（2）能力目标：能够根据信号及其他现象判断变电站控制回路运行状态；能够根据控制回路原理图、接线图，按照相关规程要求在专人监护和配合下正确完成对控制回路的传动检验。

（3）素质目标：牢固树立变电站断路器、隔离开关等控制回路运行维护与检验过程中的安全风险防范意识，严格按照标准化作业流程进行。

工具及材料准备

本情境任务以某新建 220kV 主变压器高压侧 ZFW20-252（L）/T3150-50 型断路器检验传动和 220kV 线路 GW17A-252 型隔离开关控制回路检验传动为例，需要准备的工具及材料如下。

（1）万用表。

（2）对讲机数只。

（3）线手套数双。

（4）安全帽数个。

人员准备

（1）教师及学生应着长袖棉质工装，佩戴安全帽，二次回路上工作时应戴线手套。

（2）每 4～5 名学生分为一组，各组学生轮流开展实操，每组人员合理分配，分别进行测量、监护和记录数据。

 场地准备

（1）实训现场应配备合格、充足的安全工器具，并正确使用。

（2）实训现场应具备明显的应急疏散标识。

（3）检验时要在工作地点四周装设围栏和标识牌。

 任务一 断路器控制回路的传动检验

 任务目标

本学习任务主要以断路器控制回路相关的知识和技能为载体，通过断路器控制回路操作传动检查，培养学生熟悉断路器控制二次回路原理及工程技术应用，重点突出专业技能以及职业核心能力培养。

任务描述

主要完成断路器控制回路的传动检验，包括断路器分闸操作传动、断路器合闸操作传动、液压机构压力闭锁回路检查三个方面的检验。以某新建变电站 220kV 主变压器高压侧 ZFW20-252(L)/T3150-50 型 GIS 组合电器断路器机构为例，完成断路器控制回路传动检验。

知识准备

一、断路器控制方式

对变电站内各电气设备的控制，主要是通过断路器的控制回路和操动机构来实现

变电站的控制
系统

的。通过控制回路，可以实现二次设备对一次设备的操控，包括正常停、送电情况下由值班员对断路器的手动分、合闸控制以及故障情况下由保护和其他自动装置完成的自动分、合闸控制。其中，值班员对断路器的手动分、合闸控制又可分为以下几种方式。

（1）依据控制地点的不同，控制回路分为远方控制和就地控制。一般来讲，利用监控主机在变电站主控室、集中控制中心或调度中心对断路器进行的控制称为远方控制或遥控控制；利用控制开关在控制室测控柜或断路器汇控柜处对断路器进行的控制称为近控控制或就地控制。断路器就地控制、测控柜上就地控制与监控主机远方控制三者之间在回路上能够方便地切换，以实现切换远方控制和就地控制的不同需要。对于综合自动化变电站来说，测控柜上的就地控制是远方控制的后备手段，断路器的就地控制主要用于断路器检修或紧急情况下的分闸。

（2）按照被控对象数目的不同，对断路器的控制可分为一对一控制和一对 N 的选线控制。一对一控制是利用一个控制设备控制一台断路器，一对 N 的选线控制是利用一个控制设备通过选择，控制多台断路器。

（3）对断路器的控制还可分为强电控制和弱电控制、直流控制和交流控制等。强电控制电压一般为直流 110V 或 220V。

二、断路器控制回路基本要求

断路器的控制是通过电气二次回路来实现的，因此必须有相应的二次设备，在控制室的测控柜上应有能发出跳合闸命令的控制开关（或按钮），在断路器上应有执行命令的操动机构，还需要用电缆将其连接起来。断路器的控制回路应满足以下要求。

断路器控制回路所含元器件及其作用

（1）断路器操动机构中的跳、合闸线圈是按短时通电设计的，故在跳、合闸完成后应自动解除命令脉冲，切断跳、合闸回路，以防止跳、合线圈长时间通电造成线圈过热或烧坏。

（2）跳、合闸电流脉冲一般应直接作用于断路器的跳、合闸线圈。

（3）无论断路器是否带有机械闭锁，都应具有防止断路器多次跳、合闸的电气闭锁措施。

断路器与保护屏连接示意

（4）断路器既可利用控制开关或监控主机进行手动合闸与跳闸操作，又可由继电保护和自动装置进行自动合闸与跳闸。

（5）能监视控制电源及跳合闸回路的完好性。

（6）每个断路器的控制回路应有保护二次回路短路或过载的保护器。

（7）断路器的远方控制一般采用自复式开关，与控制开关相对应的装置应具有指示断路器所处位置状态的信号，同时能明显区分手动合闸、手动跳闸、自动跳闸、自动合闸的状态，当自动跳闸时应有光字牌显示。

（8）作用于断路器跳合闸的出口中间继电器触点一般应串联有自保持线圈，避免操作把手或保护跳合闸触点保持时间短，无法可靠分、合闸。

（9）对于有同期并列要求的断路器，其控制回路应有非同期闭锁。

（10）对于采用气动、液压和弹簧操动机构的断路器，应有压力是否正常，弹簧是否已储能的监视回路，压力异常闭锁分闸、合闸、重合闸，弹簧未储能闭锁合闸回路等闭锁回路。

（11）对于分相操作的断路器，为扩充控制开关的触点，应设置跳、合闸位置继电器，且跳、合闸位置继电器和防跳继电器需分相装设。

（12）对于分相操作的断路器，应有监视三相位置是否一致的措施，必要时可延时作用于跳闸。

（13）控制回路的接线力求简单可靠，使用电缆最少，路径不宜过长。

三、断路器的操动机构

断路器的操动机构是断路器本身附带的合、跳闸传动装置，它用来使断路器合闸或维持闭合状态，或使断路器跳闸。在操动机构中均设有合闸机构、维持机构和跳闸机构。操动机构按照合闸动力分为电磁操动机构（CD）、弹簧操动机构（CT）、液压操动机构（CY）和气动操动机构（CQ）。其中，高压断路器应用较为广泛的是弹簧操动机构（CD）、液压操动机构（CY）。

（1）电磁操动机构。电磁操动机构是靠电磁力进行合闸的机构。这种机构结构简单，加工方便，运行可靠，是我国断路器应用较普遍的一种操动机构。由于利用电磁力直接合闸，合闸电流很大，可达几十安至数百安，所以合闸回路不能直接利用控制开关触点接通，必须用中间接触器。目前，因为该操动机构的合闸冲击电流很大而很少采用。

（2）弹簧操动机构。弹簧操动机构是利用弹簧作为储能元件使断路器分、合闸的机械式操动机构。它是靠弹簧的储能借助电机通过减速装置完成，并经过锁扣系统保持在储能状态。开断时，锁扣借助磁力脱扣，弹簧释放能量，经过机械传递单元使触头运动。断路器合闸时，分闸弹簧将拉伸储能，以便在断路器能在脱扣器作用下分闸。

（3）液压操动机构。液压操动机构是用液压油作为能源来进行分、合闸的操动机构。储能时，电机带动油泵转动，油箱中的低压油经油泵进入储压器上部，压缩下部的氮气，形成高压油。当油压达到额定工作压力值时，油压开关的相应触点断开，切断电机电源，完成储压过程。液压操动机构的压力达不到规定值时，操作断路器时会使分、合闸时间过长，灭弧室内压力过大会引起断路器爆炸，进而波及相关设备，扩大事故，为此设计有液压机构压力闭锁回路（含压力低闭锁重合闸、压力低闭锁合闸、压力低闭锁分闸及压力低闭锁操作）。

（4）气动操动机构。气动操动机构是以压缩空气储能和传递能量的机构。此种机构功率大、速度快，但机构复杂，需配备空气压缩设备。因此，只应用于空气断路器。

四、断路器控制回路编号

断路器控制回路编号见表 2-1。

表 2-1　　　　　　　　断路器控制回路编号

序号	回路名称	原编号			新编号一			新编号二		
		Ⅰ	Ⅱ	Ⅲ	Ⅰ	Ⅱ	Ⅲ	Ⅰ	Ⅱ	Ⅲ
1	正电源回路	1	101	201	101	201	301	101	201	301
2	负电源回路	2	102	202	102	202	302	102	202	302
3	合闸回路	3~31	103~131	203~231	103	203	303	103	203	303
4	合闸监视回路	5	105	205	—	—	—	105	205	305
5	跳闸回路	33~49	133~149	233~249	133 1133 1233	233 2133 2233	333 3133 3233	133 1133 1233	233 2133 2233	333 3133 3233
6	跳闸监视回路	35	135	235	—	—	—	135 1135 1235	235 2135 2235	335 3135 3235

五、控制开关

控制开关是控制回路中的控制元件，由运行人员直接操作，发出跳、合闸命令脉冲，使断路器跳、合闸。控制开关采用旋转式，通过将手柄向左或向右旋转一定角度来实现从一种位置到另一种位置的切换。多触点头控制开关触点的合、分动作状态有不同的表示法，表 2-2 是表格表示法，把控制开关手柄位置与触点的对应关系列表附在展开图上，以供对照。其中"—"表示断开，"×"表示接通。

综合自动化变电站就地控制多采用的 LW21 型系列自动复位控制开关。带自复机构的控制开关只允许触点在发跳、合闸命令时接通，在操作后自动复归原位。

LW21-16D/49.6201.2 型控制开关触点表见表 2-2。该开关手柄有两个固定位置和两个操作位置，需要另外配备远方/就地控制转换开关，才能在测控屏上实现远方和就地控制的转换。

表 2-2 　　　　　　　　　LW21-16D/49.6201.2 型控制开关触点表

运行位置	触点	1-2 5-6	3-4 7-8
预备合闸、合闸后	↑	—	—
合闸	↗	×	—
预备分闸、分闸后	←	—	—
分闸	↙	—	×

图 2-1 是用图形符号表示法画出的，在展开图的控制开关触点旁直接画出手柄操作位置线，操作位置线上的黑点表示这对触点接通，无黑点的表示不接通。图形符号表示法优点是直观性强，不需要查看触点表就可知道触点在该位置的通断情况，方便于现场二次回路上的工作。

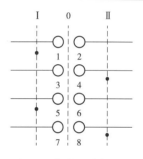

图 2-1 控制开关触点图

六、 ZFW20-252（L）/T3150-50 型断路器控制回路

图 2-2 为 ZFW20-252(L)/T3150-50 型断路器机构控制回路图，该断路器为液压操动机构；图 2-3 为其储能电机控制回路图。

ZFW20-252(L)/T3150-50 型断路器控制回路所含元器件及其作用如下。

ZKD：远/近控转换开关。转换开关置于近控位置时，触点 ZKD 21-22、ZKD 23-24、ZKD 25-26、ZKD 27-28 闭合；转换开关置于远控位置时，触点 ZKD 1-2、ZKD 3-4、ZKD 19-20 闭合。

K0：断路器分合闸转换开关，用于断路器的就地分合闸操作，合闸操作时触点 K0 3-4 闭合；第一组分闸操作时触点 K0 1-2 闭合；第二组分闸操作时触点 K0 5-6 闭合。

断路器控制
二次回路

TBJ：防跳继电器。动断触点 TBJ 41-42、TBJ 21-22 串接于合闸回路中。

F1：断路器开关辅助触点。动断触点 F1 01-02 串接于合闸回路中，动合触点 F1 7-8 串接于防跳回路中，动合触点 F1 3-4、F113-14 分别串接于第一组和第二组分闸回路中，动合触点 F1 10-19 串接于计数器回路中。

HQ：合闸线圈。合闸回路导通后合闸线圈励磁，促使断路器合闸。

HYJ：断路器合闸低油压闭锁继电器。动合触点 HYJ 2-3 串接于合闸回路中，HYJ 继电器在油压正常情况下励磁，动合触点闭合，为断路器合闸做好准备；压力降低至合闸低油压闭锁值时，动断触点 HYJ 4-6 闭合，使得"断路器合闸低油压闭锁"信号发出。

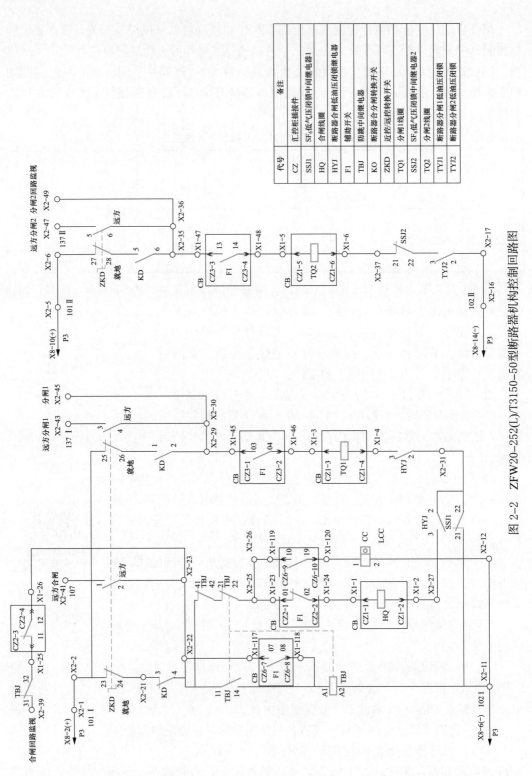

代号	备注
CZ	汇控柜插接件
SSJ1	SF₆低气压闭锁中间继电器1
HQ	合闸线圈
HYJ	断路器合闸低油压闭锁继电器
F1	辅助开关
TBJ	防跳中间继电器
KO	断路器合闸转换开关
ZKD	远控/就地转换开关
TQ1	分闸1线圈
SSJ2	SF₆低气压闭锁中间继电器2
TQ2	分闸2线圈
TYJ1	断路器分闸1低油压闭锁
TYJ2	断路器分闸2低油压闭锁

图 2-2 ZFW20—252(L)/T3150—50型断路器机构控制回路图

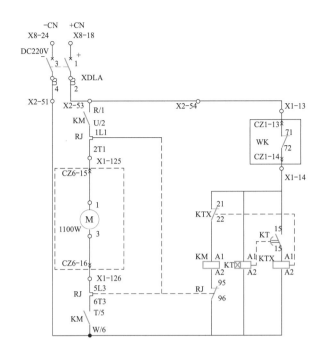

代号	备注
KTX	储能电机运转超时报警继电器
WK	储能弹簧行程开关
KT	储能电机运转超时时间继电器　DC 220V 设定120s
KM	储能电机启停直流接触器
M	直流电机DC 220V、1100W
XDL9	高分断小型断路器
RJ	储能电机过载保护继电器（设定值为7A）

图 2-3　ZFW20-252(L)/T3150-50 型断路器储能电机控制回路

TYJ1：断路器分闸 1 低油压闭锁继电器。动合触点 TYJ1 2-3 串接于分闸 1 回路中，TYJ1 继电器在油压正常情况下励磁，动合触点闭合，为断路器合闸做好准备；压力降低至分闸 1 低油压闭锁值时，动断触点 TYJ1 4-6 闭合，使得"断路器分闸 1 低油压闭锁"信号发出。

TYJ2：断路器分闸 2 低油压闭锁继电器。动合触点 TYJ2 2-3 串接于分闸 2 回路中，TYJ2 继电器在油压正常情况下励磁，动合触点闭合，为断路器合闸做好准备；压力降低至分闸 2 低油压闭锁值时，动断触点 TYJ2 4-6 闭合，使得"断路器分闸 2 低油压闭锁"信号发出。

SSJ1：SF$_6$ 低气压闭锁中间继电器 1。动断触点 SSJ1 21-22 串接于第一组操作回路中，为断路器分、合闸做好准备；SF$_6$ 压力降低至其闭锁值时，动合触点 SSJ1 41-44 闭合，使得"断路器 SF$_6$ 压力降低闭锁"信号发出。

SSJ2：SF$_6$ 低气压闭锁中间继电器 2。动断触点 SSJ2 21-22 串接于第二组分闸回路中，为断路器分、合闸做好准备；SF$_6$ 压力降低至其闭锁值时，动合触点 SSJ2 41-44 闭合，使得"断路器 SF$_6$ 压力降低闭锁"信号发出。

HBJ：断路器合闸低油压报警继电器。其动合触点 21-24、31-34 闭合使得"断路器合闸低油压报警"信号发出。

FBJ：断路器分闸低油压报警继电器。其动合触点 21-24 闭合使得"断路器分闸低油压报警"信号发出。

SBJ：断路器 SF$_6$ 压力降低报警继电器。其动合触点 21-24 闭合使得"断路器合闸低油压报警"信号发出。

TQ1：分闸 1 线圈。分闸回路导通后分闸 1 线圈励磁，促使断路器分闸。

TQ2：分闸 2 线圈。分闸回路导通后分闸 2 线圈励磁，促使断路器分闸。

CC：计数器线圈。串接有断路器辅助动合触点，断路器合闸或分闸时用于统计断路器动作次数。

七、危险点分析及防范措施

（1）试验前应熟悉断路器控制回路图纸，确保现场断路器机构、操作箱、测控装置、断路器的端子箱接线与实际图纸相符，掌握其工作原理。

（2）涉及分、合断路器，应确保多专业工作范围无交叉，避免因交叉作业造成人员伤害。应在户外断路器机构处设专责监护。

（3）断路器操作时，若操作不成功应及时切断操作电源，以免烧毁断路器分合闸线圈。

（4）断路器操作不能正确动作时，应两人一起进行检查，在机构本体检查时，为防止机械伤害，必要情况下将储能机构能量释放后进行。

断路器控制回路的传动检验

（5）工作中应正确使用合格的绝缘工器具，严防交直流回路短路、接地。

任务实施

一、断路器机构就地控制回路传动检验

1. 断路器就地合闸操作

（1）检查断路器操作电源、电机电源正常。

（2）与监控后台处工作人员核对有无闭锁断路器操作的信息（如合闸低油压闭锁、SF_6 压力低闭锁等信号）。

（3）将近控/远控转换开关打至"近控"位置。

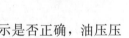

断路器手动分合闸控制回路演示

（4）按下合闸按钮，待断路器动作成功后，检查断路器位置指示是否正确，油压压力显示等是否正常，并与监控后台核对以上信息以及报文、光字情况。

注意：若按下分合闸按钮后断路器不能正确动作，则应立即断开操作电源，以防分合闸线圈长时间带电而烧毁。

（5）利用万用表等工具，按照合闸路径依次排查故障。当在断路器机构进行就地合闸操作时，合闸回路的导通路径如图 2-4 所示，路径为：操作电源正极→远/近控转换开关 ZDK 23-24→分合闸转换开关 K0 3-4→防跳继电器闭合的动断触点 TBJ 41-42、TBJ 21-22→断路器闭合的动断触点 F1 01-02→合闸线圈 HQ→断路器合闸低油压闭锁继电器 HYJ 闭合的动合触点 2-3→SF_6 低气压闭锁中间继电器 SSJ1 闭合的动断触点 21-22→操作电源负极。至此合闸回路导通，在合闸线圈的作用下，断路器合闸。

控制回路故障及排查方法

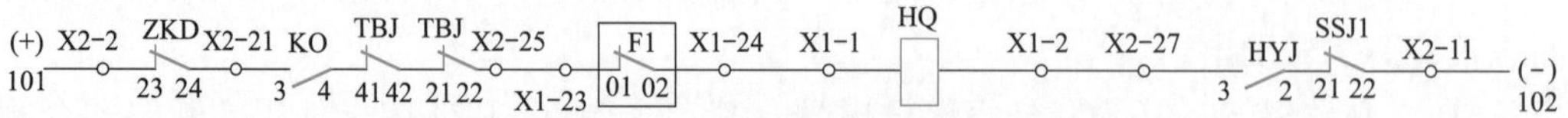

图 2-4　断路器就地合闸回路图

（6）填写断路器机构就地控制回路合闸传动检验记录单，见表 2-3。

表 2-3　　　　　　　　　断路器机构就地控制回路合闸传动检验记录单

断路器机构就地控制回路合闸传动检验		验收人：	验收结论：是否合格		问题说明：
1	检查断路器操作电源、电机电源正常	现场检查	□是	□否	
2	与监控后台处工作人员核对有无闭锁断路器操作的信息（如合闸低油压闭锁、SF_6 压力低闭锁等信号）	现场检查	□是	□否	
3	将近控/远控转换开关打至"近控"位置	现场检查	□是	□否	
4	按下合闸按钮，待断路器动作成功后，检查断路器位置指示是否正确，油压压力显示等是否正常，并与监控后台核对以上信息以及报文、光字情况	现场检查	□是	□否	
5	利用万用表等工具，按照合闸路径依次排查以下回路故障： 操作电源正极→远/近控转换开关； 远/近控转换开关→分合闸转换开关； 分合闸转换开关→防跳继电器闭合的动断触点； 防跳继电器闭合的动断触点→断路器动断触点； 断路器动断触点→合闸线圈； 合闸线圈→断路器合闸低油压闭锁继电器动合触点； 断路器合闸低油压闭锁继电器动合触点→SF_6 低气压闭锁中间继电器动断触点； SF_6 低气压闭锁中间继电器动断触点→操作电源负极	现场检查	□是　□否 □是　□否 □是　□否 □是　□否 □是　□否 □是　□否 □是　□否 □是　□否		

2. 断路器就地分闸操作

参照断路器就地合闸操作步骤，完成断路器就地分闸操作，填写断路器机构就地控制回路分闸传动检验记录单，见表 2-4，并参考图 2-4 画出断路器就地分闸回路图。

表 2-4　　　　　　　　　断路器机构就地控制回路分闸传动检验记录单

断路器机构就地控制回路分闸传动检验		验收人：	验收结论：是否合格		问题说明：
1	检查断路器操作电源、电机电源正常	现场检查	□是	□否	
2	与监控后台处工作人员核对有无闭锁断路器操作的信息（如分闸低油压闭锁、SF_6 压力低闭锁等信号）	现场检查	□是	□否	
3	将近控/远控转换开关打至"近控"位置	现场检查	□是	□否	
4	按下分闸按钮，待断路器动作成功后，检查断路器位置指示是否正确，油压压力显示等是否正常，并与监控后台核对以上信息以及报文、光字情况	现场检查	□是　□否		
5	利用万用表等工具，按照分闸路径依次排查以下回路故障： 操作电源正极→远/近控转换开关； 远/近控转换开关→分合闸转换开关； 分合闸转换开关→断路器动合触点； 断路器动合触点→断路器分闸线圈； 断路器分闸线圈→断路器分闸低油压闭锁继电器动合触点； 断路器分闸低油压闭锁继电器动合触点→SF_6 低气压闭锁中间继电器动断触点； SF_6 低气压闭锁中间继电器动断触点→操作电源负极	现场检查	□是　□否 □是　□否 □是　□否 □是　□否 □是　□否 □是　□否 □是　□否		
参考图 2-4 画出断路器就地分闸回路图					

二、断路器测控装置及操作箱合分闸传动检验

在测控屏上可通过测控装置和操作箱配合实现分合闸传动。图 2-5 所示为断路器测控装置遥控回路图,图 2-6、图 2-7 所示为断路器操作箱原理接线图。

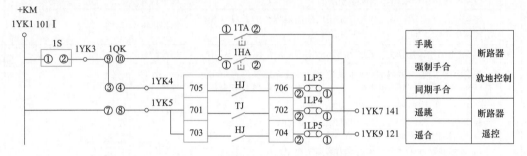

图 2-5　断路器测控装置遥控回路图

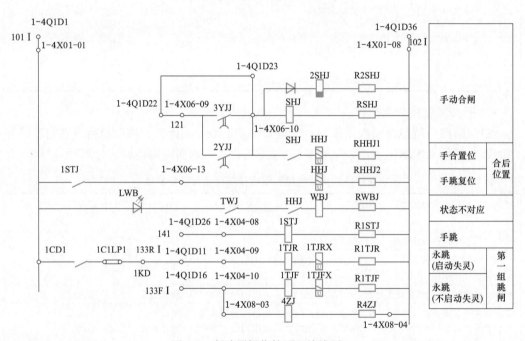

图 2-6　断路器操作箱原理接线图一

断路器遥控
分合闸控制
回路演示

在测控装置处进行断路器就地合闸操作时,如图 2-5 所示,首先用"五防"解锁工具解锁"五防"锁 1S,使 1S 1-2 导通,控制方式把手 1QK 置于强制手合位置,此时 1QK 9-10 触点接通,按下合闸按钮 1HA,触点 1-2 导通,操作电源正电抵达端子排 1YK9 处,在端子排 1YK9 处用导线标号 121 连接至保护盘端子排 1-4Q1D23,进入操作箱控制回路,详细控制回路图如图 2-6 所示。由于现行规程要求压力闭锁回路由断路器机构实现时取消操作箱压力闭锁回路,则操作电源正电通过手合继电器 SHJ 线圈,辅助电阻 RSHJ 抵达操作电源负极,手合继电器励磁动作。

在图 2-7 中,由于手合继电器 SHJ 已经励磁动作,其动合触点闭合,操作电源正极电通过该触点,经过合闸保持继电器 HBJ、防跳继电器 TBJU 的两个并联的闭合的动断

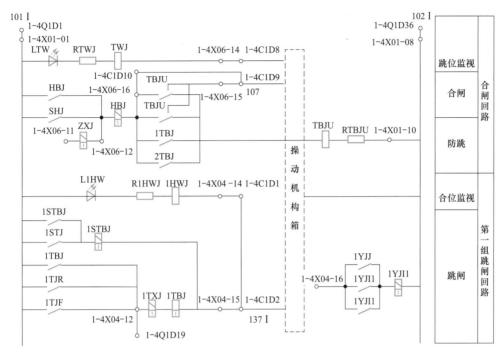

图 2-7　断路器操作箱原理接线图二

触点到达端子排 1-4C1D9，此处通过电缆标号 107 连接至断路器机构箱端子排 X2-41（远方合闸）处（具体接线见图 2-2），经断路器机构远方控制开关触点 1-2 接入断路器合闸回路，断路器合闸。

1. 断路器测控装置及操作箱合闸传动检验

（1）检查断路器操作电源、电机电源正常。

（2）与监控后台处工作人员核对有无断路器及操作箱异常告警信息（如控制回路断线、合闸低油压闭锁、SF_6 压力低闭锁等信号）。

（3）将测控柜处转换开关切至"强制手动"位置并使用"五防"钥匙将 1S 导通。

（4）按下合闸按钮，待断路器动作成功后，检查断路器位置指示是否正确，油压压力显示等是否正常，并与监控后台核对以上信息以及报文、光字牌情况。

注意：若按下合闸按钮后断路器不能正确动作，首先应立即断开操作电源，以防分合闸线圈长时间带电而烧毁。

（5）利用万用表等工具，按照如下合闸回路导通的路径依次排查故障。

结合图 2-5、图 2-6 检查回路 1：图 2-5 中操作电源正极→1S 1-2→1QK 9-10→1HA→操作电源正电抵达端子排 1YK9 处→此处用导线标号 121 连接至保护盘端子排 1-4Q1D23→进入操作箱控制回路（见图 2-6）接通手合继电器 SHJ 线圈→辅助电阻 RSHJ→操作电源负极。此时，手合继电器 SHJ 励磁动作。导通路径绘制如图 2-8 所示。

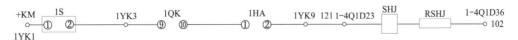

图 2-8　断路器测控装置及操作箱合闸回路图一

结合图 2-7、图 2-2 检查回路 2：图 2-7 中操作电源正极→手合继电器 SHJ 闭合的动合触点→合闸保持继电器 HBJ 线圈→防跳继电器 TBJ 电压线圈 TBJU 闭合的动断触点→此处用导线（标号 107）进入（见图 2-2）远方合闸→闭合的断路器机构远近控把手 ZKD 触点 1-2→防跳继电器闭合的动断触点 TBJ 41-42、TBJ 21-22→断路器闭合的动断触点 F1 01-02→合闸线圈 HQ→断路器合闸低油压闭锁继电器 HYJ 闭合的动合触点 2-3→SF$_6$ 低气压闭锁中间继电器 SSJ1 闭合的动断触点 21-22→操作电源负极。导通路径绘制如图 2-9 所示。

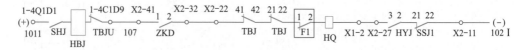

图 2-9　断路器测控装置及操作箱合闸回路图二

（6）填写断路器测控装置及操作箱合闸传动检验记录单，见表 2-5。

表 2-5　　　　　　　　断路器测控装置及操作箱合闸传动检验记录单

	断路器测控装置及操作箱合闸传动检验	验收人：	验收结论：是否合格	问题说明：
1	检查断路器操作电源、电机电源正常	现场检查	□是　□否	
2	与监控后台处工作人员核对有无闭锁断路器操作的信息（如合闸低油压闭锁、SF$_6$ 压力低闭锁等信号）	现场检查	□是　□否	
3	将测控柜处转换开关切至"强制手动"位置并使用"五防"钥匙将 1S 导通	现场检查	□是　□否	
4	按下合闸按钮，待断路器动作成功后，检查断路器位置指示是否正确，油压压力显示等是否正常，并与监控后台核对以上信息以及报文、光字情况	现场检查	□是　□否	
5	利用万用表等工具，按照合闸路径依次排查以下回路故障： （1）操作电源正极→1S； （2）1S→远/近控转换开关 1QK； （3）远/近控转换开关 1QK→合闸按钮 1HA； （4）合闸按钮 1HA→1YK9； （5）1YK9（121）→至保护盘端子排 1-4Q1D23； （6）保护盘端子排 1-4Q1D23→手合继电器 SHJ 线圈； （7）手合继电器 SHJ 线圈→操作电源负极； （8）操作电源正极→手合继电器动合触点； （9）手合继电器动合触点→合闸保持继电器 HBJ 线圈； （10）合闸保持继电器 HBJ 线圈→防跳继电器动断触点； （11）107→断路器机构远近控把手 ZKD 触点 1-2； （12）断路器机构远近控把手 ZKD 触点 1-2→防跳继电器动断触点； （13）防跳继电器动断触点→断路器动断触点； （14）断路器动断触点→断路器合闸线圈； （15）断路器合闸线圈→断路器合闸低油压闭锁继电器动合触点； （16）断路器合闸低油压闭锁继电器动合触点→SF$_6$ 低气压闭锁中间继电器动断触点； （17）SF$_6$ 低气压闭锁中间继电器动断触点→操作电源负极	现场检查	□是　□否 □是　□否 □是　□否 □是　□否 □是　□否 □是　□否 □是　□否 □是　□否 □是　□否 □是　□否 □是　□否 □是　□否 □是　□否 □是　□否 □是　□否 □是　□否 □是　□否	

2. 断路器测控装置及操作箱分闸传动检验

参照断路器测控装置及操作箱合闸传动检验步骤，完成分闸操作，填写断路器测控装置操作箱分闸传动检验记录单（见表2-6），并参考图2-8、图2-9画出断路器测控装置及操作箱分闸回路图。

断路器保护分合闸控制回路演示　　　断路器分合闸指示灯回路演示

表 2-6　　　　断路器测控装置及操作箱分闸传动检验记录单

断路器测控装置及操作箱分闸传动检验		验收人：	验收结论：是否合格	问题说明：
1	检查断路器操作电源、电机电源正常	现场检查	□是　□否	
2	与监控后台处工作人员核对有无闭锁断路器操作的信息（如分闸低油压闭锁、SF_6压力低闭锁等信号）	现场检查	□是　□否	
3	将测控柜处转换开关切至"强制手动"位置并使用"五防"钥匙将1S导通	现场检查	□是　□否	
4	按下分闸按钮，待断路器动作成功后，检查断路器位置指示是否正确，油压压力显示等是否正常，并与监控后台核对以上信息以及报文、光字情况	现场检查	□是　□否	
5	利用万用表等工具，按照分闸路径填写并排查相关的回路： (1) _____ (2) _____ (3) _____ (4) _____ (5) _____ (6) _____ (7) _____ (8) _____ (9) _____ (10) _____ (11) _____ (12) _____ (13) _____ (14) _____ (15) _____ (16) _____ (17) _____	现场检查	□是　□否 □是　□否 □是　□否 □是　□否 □是　□否 □是　□否 □是　□否 □是　□否 □是　□否 □是　□否 □是　□否 □是　□否 □是　□否 □是　□否 □是　□否 □是　□否 □是　□否	
参考图2-8、图2-9画出断路器分闸回路图				

三、液压机构压力闭锁回路检查

根据表2-7，进行液压机构压力闭锁回路检查。

电气闭锁回路

表 2-7 　　　　　　　　　　　液压机构压力闭锁回路检查记录单

液压机构压力闭锁回路检查		验收人：	验收结论：是否合格		问题说明：
1	操作电源检查	现场检查	□是	□否	
2	电机电源检查	现场检查	□是	□否	
3	断路器及操作箱异常告警信息（如控制回路断线、分合闸低油压闭锁、SF_6 压力低闭锁等信号）	现场检查	□是	□否	
4	调整油压表表头压力指示，使其压力值持续下降，监控后台有"断路器合闸低油闭锁"信号报出，此时进行断路器合闸操作，合闸不成功	现场检查	□是	□否	
5	合上断路器电机电源空气断路器，油压表压力恢复至正常值，断路器合闸后，再次断开断路器电机电源空气断路器	现场检查	□是	□否	
6	适当调整油压表表头压力指示，使压力值持续下降，当下降至其重合闸低油压锁值时，监控后台有"断路器重合闸低油闭锁"信号报出	现场检查	□是	□否	
7	适当调整油压表表头压力指示，使压力值持续下降，当下降至其分闸低油压闭锁值时，监控后台有"断路器分闸低油闭锁"信号报出，此时进行断路器分闸操作，则分闸不成功	现场检查	□是	□否	

🔔 任务评价

断路器控制回路传动检验任务评价表						
姓名		学号				
序号	评分项目	评分内容及要求	评分标准	扣分	得分	备注
1	预备工作（10分）	（1）安全着装。（2）仪器仪表检查。（3）被检验设备检查	（1）未按照规定着装，每处扣 0.5 分。（2）仪器仪表选择错误，每次扣 1 分；未检查扣 1 分。（3）被检验设备检查不充分，每处扣 1 分。（4）其他不符合条件，酌情扣分			
2	班前会（10分）	（1）交待工作任务及任务分配。（2）危险点分析。（3）预控措施	（1）未交待工作任务，每次扣 2 分。（2）未进行人员分工，每次扣 1 分。（3）未交待危险点，扣 3 分；交待不全，酌情扣分。（4）未交待预控措施，扣 2 分。（5）其他不符合条件，酌情扣分			
3	放置安全措施（10分）	（1）安全围栏。（2）标识牌	（1）未设置安全围栏，扣 5 分；设置不正确，扣 3 分。（2）未摆放任何标识牌，扣 5 分；漏摆一处扣 1 分；标识牌摆放不合理，每处扣 1 分。（3）其他不符合条件，酌情扣分			

续表

序号	评分项目	评分内容及要求	评分标准	扣分	得分	备注
4	传动检验项目与测试（25分）	（1）正确完成传动操作步骤。 （2）正确核对传动试验后信号	（1）传动中元件操作，每错一个，扣3分。 （2）传动操作步骤错误，扣5分。 （3）传动完成后信息核对错误，扣5分			
5	传动失败故障查找（15分）	（1）依据图纸，正确使用仪表排查故障。 （2）故障处理	（1）在规定时间内未排查出故障点，扣10分。 （2）不能完成故障处理，扣5分。 （3）其他不符合条件，酌情扣分			
6	试验报告（15分）	完整填写试验报告	（1）未填写试验报告，扣10分。 （2）未对试验结果进行判断，扣5分。 （3）试验报告填写不全，每处扣1分			
7	整理现场（5分）	恢复到初始状态	（1）未整理现场，扣5分。 （2）现场有遗漏，每处扣1分。 （3）离开现场前未检查，扣2分。 （4）其他情况，请酌情扣分			
8	综合素质（10分）	（1）着装整齐，精神饱满。 （2）现场组织有序，工作人员之间配合良好。 （3）独立完成相关工作。 （4）执行工作任务时，大声呼唱。 （5）不违反电力安全规定及相关规程				
9	总分（100分）					

| 试验开始时间：　　时　　分
结束时间：　　时　　分 | | | | 实际时间：
　　时　　分 | | |
| 教师 | | | | | | |

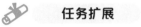 **任务扩展**

对断路器防跳功能进行检查验收，设计验收记录单并填写结果。

当遇断路器合闸回路的遥合或手合触点卡滞，合闸输出回路一直有电压输出，同时一次系统又遇到永久性故障的情况下，因系统存在故障，则断路器经由保护装置跳开，但因为合闸脉冲的存在，断路器又合上，保护装置动作又跳开。这种反复跳—合的现象，就是断路器的跳跃。一旦发生跳跃，轻则会导致断路器损坏，严重的时候还可能会引成断路器爆炸。防跳是断路器控制电路的基本要求，是防止断路器分合闸回路同时接通时，发生多次分合的跳跃现象，导致断路器损坏或至事故面积扩大。

断路器跳跃的现象后果

1. 两种防跳原理

（1）断路器本体机构防跳原理。断路器本体机构的防跳原理是在合闸回路上并联一个防跳继电器来实现。因此，称为并联型防跳。下面以 ZN-12（VSI）型断路器来具体说明其防跳原理。

图 2-10 中 K 是开关机构的防跳继电器，QF 分别是断路器的动合辅助触点和动合辅

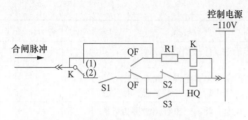

图 2-10　断路器本体机构防跳原理图

助触点。断路器合闸后 QF 动合触点闭合，启动防跳继电器 K，K 线圈励磁后，K 辅助触点从（2）处断开，与（1）支路接通，从而切断了合闸回路。当合闸脉冲消失后 K 继电器失电返回，若回路中有异常电压则 K 就不会返回，此时合闸回路就会被切断，若此时断路器重合于永久性故障，则跳闸后就不会再次合闸。通过对断路器本体机构的原理分析可知，防跳继电器有防跳和保护两个功能。当合闸控制回路出现异常电压时，切断合闸回路，防止跳闸后再次合闸，这就是断路器的防跳功能。当合闸后，合闸脉冲消失前，由于防跳继电器实现了自保持，断开了合闸回路，这是断路器的保护功能。

（2）保护装置的防跳原理。保护装置的防跳功能一般是由操作箱的三相继电器作为出口元件，利用操作箱的防跳回路进行防跳，是保护装置和断路器的中间环节。下面以 RCS-9611C 保护操作箱原理图来说明防跳原理。

如图 2-11 所示，TWJ 是跳位监视继电器，HBJ 是合闸保持继电器，TBJ 是跳闸保持继电器，TBJV 是防跳继电器，HQ 是合闸线圈，TQ 是跳闸线圈，QF 是断路器辅助触点。其防跳原理为：当断路器合闸后若出现故障，此时保护动作 BTJ（保护跳闸出口继电器）动合触点闭合，接通跳闸回路，TQ 带电跳开断路器；当重合于永久性故障并且此时合闸脉冲没有消失或者合闸触点 HBJ 发生粘连时，因 TBJ 动合触点闭合，同时，防跳继电器 TBJV 的线圈励磁，其动断触点断开，切断合闸回路，断路器不能再次合闸，从而实现防跳功能。与断路器本体机构防跳不同的是，操作箱防跳是通过在断路器跳闸时启动防跳继电器来切断合闸回路，属于跳闸闭锁合闸措施。其合闸线圈和防跳回路是串联相接，故称之为串联型防跳。

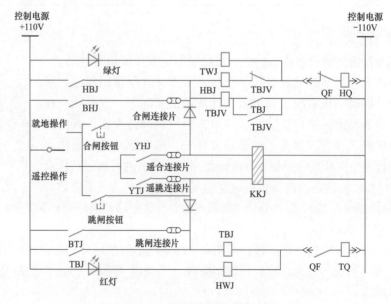

图 2-11　保护装置的防跳回路

2. 两种防跳的应用

在变电站现场工作中，同时保留断路器本体机构与保护装置的防跳功能，工作人员在控制断路器时发现：在给出一个持续合闸指令的同时，给出一个分闸指令，断路器会在分闸后再次合闸，并且合闸后合位指示灯和跳位指示灯都会点亮，且跳位指示灯较平常较暗。分析原因后发现是由于断路器本体机构与保护装置操作回路配合出现了寄生回路，其原理如图 2-12 所示。

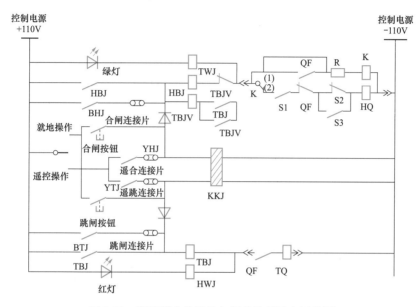

图 2-12　断路器本体机构与保护装置配合回路图

由图 2-12 分析，正常情况下断路器在分位，当断路器合闸时，HBJ 动合触点闭合，储能电机辅助触点 S1 闭合。此时控制电源（＋110V）→HBJ→TBJV→K→断路器本体机构（2）支路→QF 动断触点→S2→HQ 合闸线圈→（－110V）电源构成合闸回路。当断路器合闸后，QF 动合触点闭合，QF 动断触点打开，启动防跳继电器 K，此时 K 线圈开始励磁，K 辅助触点从（2）处断开，与（1）支路接通。此时，控制电源（＋110V）→绿灯→TWJ→K→断路器本体机构（1）支路→R→K 线圈→（－110V）控制电源构成一条寄生回路。在此寄生回路上如果元件参数选择不当时会使这条回路导通，这时就会出现合闸后跳位灯和合位灯都点亮的情况，同时由于 TWJ、R 和 K 的阻值大于 HBJ 和 HQ 的阻值，进而造成跳位指示灯较平常暗。另外 QF 动合触点闭合，机构中防跳继电器 K 会一直励磁，K 辅助触点从（2）处断开，与（1）支路接通切断了合闸回路，将产生断路器分闸后不能再次合闸的现象。

针对这种缺陷，在现场的保护工作中提出了一种解决办法。在合闸监视回路中串入 QF 动合触点能有效的防止合闸后跳位指示灯和合位灯指示都点亮的现象。因为当断路器合闸时，QF 动断触点断开，QF 动合触点闭合此时会使寄生回路断开，从而解决了绿灯亮的问题。同时，在合闸监视回路中串联一个 QF 动断触点，再串入防跳继电器 K 的动断触点然后 TWJ 线圈负接至（－110V）控制电源中，则断路器分闸后不能再次合闸的现象得到了解决。

学习与思考

（1）断路器传动过程中合闸不成功，并同时出现"控制回路断线""合闸低油压闭锁"信号时，如何排除故障？

（2）断路器控制回路为何要求必须设计防跳如何实现防跳？

任务二　隔离开关控制回路的传动检验

 任务目标

本学习任务主要以隔离开关控制回路相关的知识和技能为载体，通过隔离开关操作传动检查，培养学生熟悉隔离开关控制二次回路原理及工程技术应用，重点突出专业技能以及职业核心能力培养。

任务描述

工作任务主要完成隔离开关控制回路的传动检验，包括隔离开关分闸操作、隔离开关合闸操作、隔离开关急停操作三个方面的检验。以某新建变电站 220kV 线路 GW17A-252 型隔离开关控制回路检验传动为例阐述检验过程。

知识准备

一、隔离开关的功能

隔离开关是高压开关的一种，因其没有专门的灭弧装置，所以不能用来切断负荷电流和短路电流，使用时应与断路器配合，一般对动触点的开断和关合速度没有规定要求。在分闸状态下，应有明显的断开点，使电气设备与电源隔离，同时便于清楚鉴别被检修设备是否与电网完全隔离。在电力系统中，其主要有以下用途：隔离电源，改变运行方式，接通和开断小电流。

二、隔离开关控制回路的基本要求

（1）隔离开关没有灭弧机构，不能用来切断和接通负荷电流，因此其控制回路必须受相应的断路器闭锁，以保证断路器在合闸状态时不能操作隔离开关。

（2）隔离开关控制回路必须受接地开关的闭锁，以保证接地开关在合闸状态时不能操作隔离开关。

（3）操作脉冲应是短时的，在操作完成后能自动解除。

（4）隔离开关应有指示所处状态的位置信号。

（5）隔离开关应有电气闭锁装置。电气闭锁接线与主接线型式有关，但闭锁的基本原则是相同的，闭锁原则是根据安全操作隔离开关程序拟定的。

三、隔离开关控制回路图

如图 2-13 所示为 GW17A-252 型隔离开关控制回路图，图 2-14 所示为电动机驱动回路图，图 2-15 所示为控制回路中元器件图。

控制回路各元件及功能如下。

（1）QF2：高分断小型断路器。控制电源总开关，作用于控制电源的分、合。

（2）SBT2：近控/遥控转换开关。用于切换隔离开关的控制方式，可选择就地控制或远方遥控。

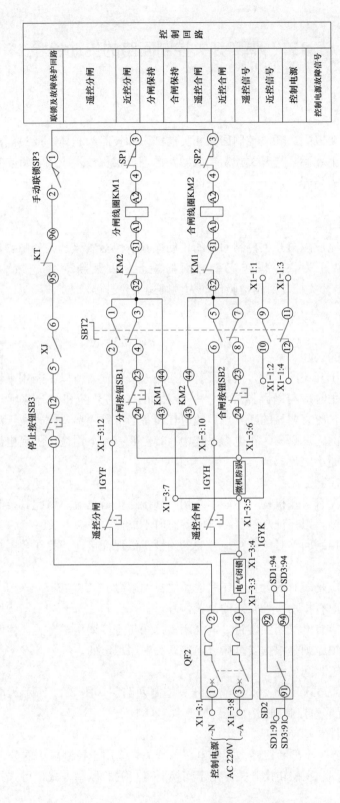

图 2-13　GW7A-252型隔离开关控制回路图

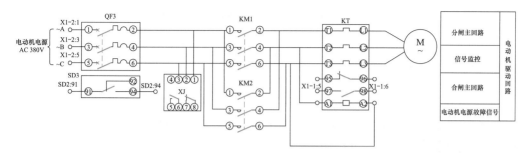

图 2-14　GW17A-252 型隔离开关电动机驱动回路图

代号	名称	型号	代号	名称	型号
X2	辅助开关部分端子排	JU5	SD1~SD3	电源故障信号接点	MB30S-63
X1-1~X1-3	原理部分端子排	JU5	XJ	断相与相序保护继电器	XJ3-G
ZMD	照明灯	40W	SP1~SP4	微动开关	YBLXW-6/11BZ
EHD	加热器	DJR(B)50W	KT	热过载继电器	NDR1-38A17
WSK	温度、凝露控制器	KZ-1	M	三相交流电动机	JW7134
SBT2	近控、遥控转换开关	LW39-16B-6KC	KM2	合闸用交流接触器	GMC-9
SBT1	辅助开关	ZKF6	KM1	分闸用交流接触器	GMC-9
SB3	停止按钮(黑色)	LA39	QF3		DZ47-60-3P-D10A
SB2	合闸按钮(绿色)	LA39	QF2	高分断小型断路器	DZ47-60-2P-4A
SB1	分闸按钮(红色)	LA39	QF1		DZ47-60-1P-4A
代号	名称	型号	代号	名称	型号

图 2-15　GW17A-252 型隔离开关控制回路元器件图

（3）SB3：停止按钮（黑色）。作用于紧急停止隔离开关正在进行的操作，按下此按钮可切断控制电源，正在进行的隔离开关分、合动作行为将会停止。

（4）SB1：就地分闸按钮（红色）。作用于隔离开关的就地电动分闸操作，按下此按钮接通隔离开关的电动分闸回路，隔离开关将进行分闸的动作行为。

（5）SB2：就地合闸按钮（绿色）。作用于隔离开关的就地电动合闸操作，按下此按钮接通隔离开关的电动合闸回路，隔离开关将进行合闸的动作行为。

（6）KM2：合闸用交流接触器。当远方遥控合闸命令发出或就地电动合闸按钮按下时，合闸接触器线圈导通，使得图 2-14 中电动机驱动回路中的 KM2 动合触点闭合，电动机驱动回路导通，电动机反转，隔离开关合闸。

（7）KM1：分闸用交流接触器。当远方遥控分闸命令发出或就地电动分闸按钮按下时，分闸接触器线圈导通，使得图 2-14 中电动机驱动回路中的 KM1 动合触点闭合，电动机驱动回路导通，电动机正转，隔离开关分闸。

（8）SP1、SP2：微动开关。其动断触点分别串接于隔离开关分闸回路和合闸回路中，当隔离开关分闸或者合闸到位时，动断触点打开，切断隔离开关分闸或合闸控制回路,使得 KM1 或 KM2 失磁,电动机驱动回路中的 KM1 或 KM2 触点打开,电动机停止运转。

(9) SP3:微动开关。作用于手动联锁,只有当手动控制完全闭锁时,SP3 动合触点闭合,导通电动机控制回路,才可以进行隔离开关的电动操作;当手动操作时,SP3 动合触点断开,断开其电动控制回路,保证手动操作作业人员安全。

(10) KT:热过载继电器。接入电动机驱动回路中,当电动机驱动回路中有电源短路或者是电动机内部故障时,控制回路中的 KT 动断触点打开,切断控制电源从而使电动机驱动回路断电,保护电动机。

(11) XJ:断相与相序保护继电器。接于电动机驱动回路中,当三相交流电源相序正确、无缺相的情况下,继电器励磁,其动合触点闭合,接通电动机控制回路,隔离开关处于准备分合闸状态。

说明:图 2-13 中 X1 端子的 X1-3:3 与 X1-3:4 为电气闭锁接口,根据设计要求,若需要与本隔离开关对应的接地隔离开关进行电气闭锁时,此处接入对应接地隔离开关辅助开关的一对动断触点;图 2-13 中 X1 端子的 X1-3:5 与 X1-3:6 为微机防误接口,应根据设计要求选择是否接入,一般情况下此处不用微机防误装置。

四、危险点分析及防范措施

(1) 试验前应熟悉隔离开关控制回路图纸,确保现场隔离开关机构、测控装置、开关场端子箱接线与实际图纸相符,掌握其工作原理。

(2) 涉及分、合隔离开关,应确保多专业工作范围无交叉,避免因交叉作业造成人员伤害。应在户外隔离开关机构处设专责监护。

(3) 隔离开关操作不能正确动作时,检查时应两人一起进行。

(4) 工作中应正确使用合格的绝缘工器具,严防交直流回路短路、接地。

(5) 隔离开关检验首次传动前,应将隔离开关手动摇至分、合闸中间位置,以防电动机电源相序错误造成电动机损坏。

(6) 隔离开关检验传动前,应注意与之对应的接地隔离开关的分、合状况,以防对应接地隔离开关处于合位时进行合隔离开关的操作,造成接地隔离开关与隔离开关之间的机械闭锁损坏。

(7) 母线隔离开关检验传动时,应先检查与之对应的接地开关、地线处于明显断开状态,且保持足够安全距离,以防止带地线、接地开关合母线隔离开关造成安全事故。

🚀 **任务实施**

隔离开关控制回路检验开展前,应检查现场隔离开关机构箱内设备及其接线与实际图纸相符。

一、隔离开关就地分合闸传动检验

隔离开关的控制方式分就地控制和远方控制两种。220kV 及以上的隔离开关既可采用就地控制,也可以采用远方控制。隔离开关的控制方式又分为手动和电动两种。手动控制是通过隔离开关操动机构的手动杠杆使其合、分闸,只能实现就地操作;而电动控

隔离开关控制
回路的传动
检验

制是依靠隔离开关机构箱内的电动机实现远方操作。

　　下面以 GW17A-252 型隔离开关控制回路为进行回路操作传动分析。

　　1. 隔离开关就地合闸传动检验

　　（1）检查隔离开关操作电源、电动机电源正常且其空气断路器在投入状态。

　　（2）检查隔离开关处于分闸位置，图 2-13 中手动联锁 SP3 动合触点 1-2 闭合；微动开关 SP2 动断触点 3-4 闭合；分闸用交流接触器 KM1 动断触点 31-32 闭合；电动机三相交流电源相序正确，无缺相现象存在，其动断触点闭合；正常情况下热过载继电器 KT 不动作，其动断触点闭合。

　　（3）隔离开关机构箱处将其远方/就地转换开关 SBT2 置于"就地"位置；SBT2 动断触点 7-8 闭合。

　　（4）与监控后台处工作人员核对有无隔离开关机构的异常告警信息。

　　（5）将隔离开关通过手动把手摇至分、合闸的中间位置，以免电动机电源相序错误造成电机损伤。

　　（6）控制开关切至"合闸"位置，合上控制电源开关 QF2，按下合闸按钮 SB2，用万用表等工具检查隔离开关控制回路导通路径：图 2-13 中交流 A 相电源自 QF2 3-4 触点→电气闭锁触点→微机防误触点→SB2 23-24 触点→SBT2 7-8 触点→KM1 闭合的动断触点 31-32→合闸接触器 KM2 线圈→SP2 闭合的动断触点 3-4→SP3 闭合的动合触点 1-2→KT 闭合的动断触点 95-96→XJ 闭合的动合触点 5-6→SB3 11-12 触点→QF2 1-2 触点→交流电源 N 线。路径绘制如图 2-16 所示。

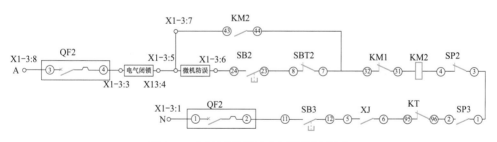

图 2-16　隔离开关就地合闸操作回路图

　　之后，合闸接触器 KM2 励磁，其动合触点 43-44 闭合，使 KM2 实现自保持励磁，在图 2-14 中，进而驱动电动机运转，隔离开关合闸，合闸到位后 SP2 的动断触点 3-4 断开，切断隔离开关合闸控制回路，使得 KM2 失磁，电动机驱动回路中的 KM2 触点打开，电动机停止运转，完成合闸操作。

　　（7）观察隔离开关合闸动作情况及隔离开关合闸到位情况。

　　（8）隔离开关合闸成功后，在隔离开关机构处检查隔离开关位置指示是否正确，并与监控后台核对以上信息以及报文、光字牌情况。

　　（9）填写隔离开关就地合闸传动检验记录单，见表 2-8。

表 2-8 **隔离开关就地合闸传动检验记录单**

	断路器机构就地控制回路合闸传动检验　　　　　　　　　　　验收人：		验收结论： 是否合格		问题说明：
1	检查隔离开关操作电源、电动机电源正常且其空气断路器在投入状态	现场检查	□是	□否	
2	检查隔离开关处于分闸位置，手动联锁 SP3 动合触点 1-2 闭合；微动开关 SP2 动断触点 3-4 闭合；分闸用交流接触器 KM1 动断触点 31-32 闭合；电动机三相交流电源相序正确，无缺相现象存在，其动断触点闭合；正常情况下热过载继电器 KT 不动作，其动断触点闭合	现场检查	□是	□否	
3	隔离开关机构箱处将其远方/就地转换开关 SBT2 置于"就地"位置	现场检查	□是	□否	
4	与监控后台处工作人员核对有无隔离开关机构的异常告警信息	现场检查	□是	□否	
5	将隔离开关通过手动把手摇至分、合闸的中间位置，以免电动机电源相序错误造成电动机损伤	现场检查	□是	□否	
6	控制开关切至"合闸"位置，合上控制电源开关 QF2，按下合闸按钮 SB2，用万用表等工具检查隔离开关控制回路导通路径： (1) 交流 A 相电源→电气闭锁触点； (2) 电气闭锁触点→微机防误触点； (3) 微机防误触点→SB2 23-24 触点； (4) SB2 23-24 触点→SBT2 7-8 触点； (5) SBT2 7-8 触点→KM1 动断触点 31-32； (6) KM1 动断触点 31-32→合闸接触器 KM2 线圈； (7) 合闸接触器 KM2 线圈→SP2 动断触点 3-4； (8) SP2 动断触点 3-4→SP3 动合触点 1-2； (9) SP3 动合触点 1-2→KT 动断触点 95-96； (10) KT 动断触点 95-96→XJ 动合触点 5-6； (11) XJ 动合触点 5-6→SB3 11-12 触点； (12) SB3 11-12 触点→QF2 1-2 触点； (13) QF2 1-2 触点→交流电源 N 线	现场检查	□是 □是 □是 □是 □是 □是 □是 □是 □是 □是 □是 □是 □是	□否 □否 □否 □否 □否 □否 □否 □否 □否 □否 □否 □否 □否	
7	观察隔离开关合闸动作情况及隔离开关合闸到位情况	现场检查	□是	□否	
8	隔离开关合闸成功后，在隔离开关机构处检查隔离开关位置指示是否正确，并与监控后台核对以上信息以及报文、光字牌情况	现场检查	□是	□否	

2. 隔离开关就地分闸传动检验

参照隔离开关就地合闸传动检验检验步骤，完成分闸操作，填写隔离开关就地分闸传动检验记录单，见表 2-9，并参考图 2-16 画出隔离开关就地分闸操作回路图。

表 2-9 **隔离开关就地分闸传动检验记录单**

	隔离开关就地分闸传动检验　　　　　　　　　　　　　　　验收人：		验收结论： 是否合格		问题说明：
1	检查隔离开关操作电源、电动机电源正常且其断路器在投入状态	现场检查	□是	□否	
2	检查隔离开关处于合闸位置，手动联锁 SP3 动合触点 1-2 闭合；微动开关 SP1 动断触点 3-4 闭合；合闸用交流接触器 KM2 动断触点 31-32 闭合；电动机三相交流电源相序正确，无缺相现象存在，其动断触点闭合；正常情况下热过载继电器 KT 不动作，其动断触点闭合	现场检查	□是	□否	

3	隔离开关机构箱处远方/就地转换开关 SBT2 置于"就地"位置	现场检查	□是 □否	
4	与监控后台处工作人员核对有无隔离开关机构的异常告警信息	现场检查	□是 □否	
5	将隔离开关通过手动把手摇至分、合闸的中间位置	现场检查	□是 □否	
6	控制开关切至"分闸"位置，合上控制电源开关 QF2，按下分闸按钮 SB1，利用万用表等工具，按照分闸路径填写并排查相关的回路： (1) _____ (2) _____ (3) _____ (4) _____ (5) _____ (6) _____ (7) _____ (8) _____ (9) _____ (10) _____ (11) _____ (12) _____ (13) _____	现场检查	□是 □否 □是 □否 □是 □否 □是 □否 □是 □否 □是 □否 □是 □否 □是 □否 □是 □否 □是 □否 □是 □否 □是 □否 □是 □否	
7	观察隔离开关分闸动作情况及隔离开关分闸到位情况	现场检查	□是 □否	
8	隔离开关分闸成功后，在隔离开关机构处检查隔离开关位置指示是否正确，并与监控后台核对以上信息以及报文、光字牌情况	现场检查	□是 □否	
参考图 2-16 画出隔离开关分闸回路图				

二、隔离开关急停操作传动

根据表 2-10，进行隔离开关急停操作传动检验。

表 2-10 　　　　　　　　　　**隔离开关急停操作传动检验记录单**

隔离开关急停操作传动检验		验收人：	验收结论： 是否合格	问题说明：
1	检查隔离开关操作电源、电动机电源正常且其空气断路器在投入状态	现场检查	□是 □否	
2	与监控后台处工作人员核对有无隔离开关机构的异常告警信息	现场检查	□是 □否	
3	隔离开关机构箱处将其远方/就地转换开关置于"就地"位置	现场检查	□是 □否	
4	按下合闸按钮，进行隔离开关合闸操作	现场检查	□是 □否	
5	在隔离开关合闸行程未完成电动机仍处于运转状态时，按下急停按钮 SB3，检查合闸控制回路断开，KM1 失磁，电动机停止工作，隔离开关合闸动作行为终止，合闸不能完成	现场检查	□是 □否	

任务评价

隔离开关控制回路传动检验任务评价表							
姓名		学号					
序号	评分项目	评分内容及要求	评分标准	扣分	得分	备注	
1	预备工作 （10分）	（1）安全着装。 （2）仪器仪表检查。 （3）被检验设备检查	（1）未按照规定着装，每处扣0.5分。 （2）仪器仪表选择错误，每次扣1分；未检查扣1分。 （3）被检验设备检查不充分，每处扣1分。 （4）其他不符合条件，酌情扣分				
2	班前会 （10分）	（1）交待工作任务及任务分配。 （2）危险点分析。 （3）预控措施	（1）未交待工作任务，每次扣2分。 （2）未进行人员分工，每次扣1分。 （3）未交待危险点，扣3分；交待不全，酌情扣分。 （4）未交待预控措施，扣2分。 （5）其他不符合条件，酌情扣分				
3	放置安全措施 （10分）	（1）安全围栏。 （2）标识牌	（1）未设置安全围栏，扣5分；设置不正确，扣3分。 （2）未摆放任何标识牌，扣5分；漏摆一处扣1分；标识牌摆放不合理，每处扣1分。 （3）其他不符合条件，酌情扣分				
4	传动检验项目与测试 （25分）	（1）正确完成传动操作步骤。 （2）正确核对传动试验后信号	（1）传动中元件操作，每错一个，扣3分。 （2）传动操作步骤错误，扣5分。 （3）传动完成后信息核对错误，扣5分				
5	传动失败故障查找 （15分）	（1）依据图纸、正确使用仪表排查故障。 （2）故障处理	（1）在规定时间内未排查出故障点，扣10分。 （2）不能完成故障处理，扣5分。 （3）其他不符合条件，酌情扣分				
6	试验报告 （15分）	完整填写试验报告	（1）未填写试验报告，扣10分。 （2）未对试验结果进行判断，扣5分。 （3）试验报告填写不全，每处扣1分				
7	整理现场 （5分）	恢复到初始状态	（1）未整理现场，扣5分。 （2）现场有遗漏，每处扣1分。 （3）离开现场前未检查，扣2分。 （4）其他情况，请酌情扣分				
8	综合素质 （10分）	（1）着装整齐，精神饱满。 （2）现场组织有序，工作人员之间配合良好。 （3）独立完成相关工作。 （4）执行工作任务时，大声呼唱。 （5）不违反电力安全规定及相关规程						
9	总分（100分）						
试验开始时间：　　时　　分 结束时间：　　　　时　　分				实际时间： 　　时　　分			
教师							

任务扩展

完成双母线接线系统母线倒闸操作时隔离开关闭锁回路的检验，并设计填写检验项目单。

双母线接线系统母线倒闸操作时，母线侧隔离开关 1G 分合闸操作回路中串接断路器 1DL 动合触点、出线侧隔离开关 3G 动合触点、母线接地隔离开关 1GD1 动断触点、母线侧隔离开关 2G 动合触点。

母线侧隔离开关 2G 分合闸操作回路中串接断路器 1DL 动合触点、出线侧隔离开关 3G 动合触点、母线接地隔离开关 1GD1 动断触点、母线侧隔离开关 1G 动合触点。

双母线接线系统母线倒闸操作时隔离开关闭锁回路与双母线接线系统母线侧隔离开关停送电操作闭锁回路并联，如图 2-17 所示。

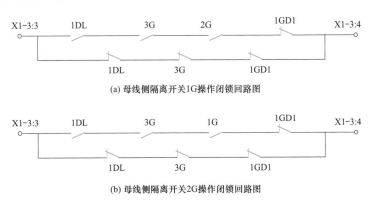

(a) 母线侧隔离开关1G操作闭锁回路图

(b) 母线侧隔离开关2G操作闭锁回路图

图 2-17　双母线接线系统母线侧隔离开关操作闭锁回路图

学习与思考

（1）分析微动开关 SP3 置于手动状态时试分析对隔离开关电动操作的影响。

（2）隔离开关就地合闸传动，若合闸失败试分析可能原因。

情境总结

通过对本项目的系统学习和实训操作，学生能够掌握断路器控制回路、隔离开关控制回路原理知识，能够根据信号、信息及其他现象判断变电站控制回路运行状态，明确各项试验的目的、器材、危险点及防范措施，掌握试验的方法和步骤，能够根据控制回路原理图、接线图，按照相关规程要求在专人监护和配合下独立完成传动检验。

情境三

变电站互感器二次回路的检验

情境描述

　　变电站互感器二次回路的检验是继电保护检修人员的典型工作情境。本情境涵盖的工作任务主要包括变电站电流互感器二次回路、电压互感器二次回路、电压并列二次回路检验，以及相关规定、规程、标准的应用等。

情境目标

　　通过本情境学习应达到以下目标。

　　（1）知识目标：熟悉互感器二次回路中二次设备的图形符号及文字符号；熟悉互感器二次回路编号原则；明确对互感器二次回路的要求；理解互感器二次回路原理；熟悉互感器二次回路检验的原理与方法；明确互感器二次回路检验的有关规程、规定及标准。

　　（2）能力目标：能够根据信号、信息及其他现象判断互感器二次回路运行状态；能够根据电流互感器二次回路和电压互感器二次回路原理图纸、接线图纸，在专人监护和配合下按照相关规程要求完成互感器二次回路常规检验；能够正确分析运行中互感器二次回路的危险点并采取正确的防范措施。

　　（3）素质目标：牢固树立变电站电流电压互感器二次回路运行维护与检验过程中的安全风险防范意识，严格按照标准化作业流程进行。

工具及材料准备

　　本项任务以某新扩建 220kV 线路电流互感器、电压互感器、电压并列装置二次回路检查验收为例，需要准备的工具及材料如下。

　　（1）万用表。

　　（2）绝缘电阻表。

　　（3）数字双钳相位伏安表。

　　（4）电流互感器试验仪。

　　（5）大电流发生器。

　　（6）电压互感器试验仪。

　　（7）微机保护测试仪。

　　（8）适当长度、数量的短接线和接地线。

（9）工具箱 1 个。

（10）对讲机数只。

人员准备

（1）教师及学生应着长袖棉质工装，佩戴安全帽，二次回路上工作时应戴线手套。

（2）每 4～5 名学生分为一组，各组学生轮流开展实操，每组人员合理分配，分别进行测量、监护和记录数据。

场地准备

（1）实训现场应配备合格、充足的安全工器具，并正确使用。

（2）实训现场应具备明显的应急疏散标识。

（3）检验时要在工作地点四周装设围栏和标识牌。

任务一　电流互感器二次回路的检验

任务目标

本学习任务包括电流互感器原理及准确度等级、常用接线方式、绕组分配原则等，通过电流互感器二次回路的检验，培养学生熟悉回路原理及工程技术应用，重点突出专业技能以及职业核心能力培养。

任务描述

主要完成电流互感器二次回路的检验，包括电流互感器二次绕组准确级分配检验、电流互感二次回路绝缘检验、电流互感器二次回路一点接地检验、电流感器一次通流检验等 4 部分。以某 220kV 线路电流互感器二次回路验收为例阐述检验过程。

知识准备

一、电流互感器原理及准确度等级

电流互感器根据电磁感应原理工作，将一次回路大电流变换为二次小电流，供保护装置、测量、计量等回路使用。电流互感器二次绕组所接的负荷其阻抗值都很小，正常运行时二次绕组相当于短路运行。在额定电流下，电流互感器二次电流乘以电流互感器变比 K 即为系统的一次电流。

电流互感器的准确度等级，是其电流变换的精确度。目前，国内采用的电流互感器的准确度等级有 6 个，即 0.1、0.2（0.2S）、0.5、1、3 及 5 级。电流互感器的准确度等级，实际上是相对误差标准。例如，0.5 级的电流互感器，是指在额定工况下，电流互感器的传递误差不大于 0.5％。0.2S 级适用于关口电能表，在轻载负荷状态下亦能满足准确度等级。

用于继电保护设备的保护级电流互感器，应考虑暂态条件下的综合误差，一般选用

P 级或 TP 级。P 级电流互感器是用稳态对称的最大故障电流下能满足的综合误差值来表示的，例如 5P20 是指在额定负载时 20 倍的额定电流下其综合误差为 5%。TP 级保护用电流互感器的铁芯带有小气隙，在它规定的准确限额条件下（规定的二次回路时间常数及无电流时间等）某额定电流的倍数下综合瞬时误差最大为 10%。

二、电流互感器的常用接线方式及其应用

电流互感器二次电流主要取决于一次电流，是二次设备的电流信号源。为适应二次设备对电流的具体要求，电流互感器有多种接线方式，目前变电站常见的接线方式有以下几种。

1. 三台电流互感器的完全星形接线

如图 3-1 所示，三相完全星形接线是将三台相同的电流互感器分别接在 A、B、C 相上，二次绕组按星形连接。这种接线方式用于测量回路，可以采用三表法测量三相电流、有功功率、无功功率、电能等。用于继电保护回路，能完全反应相间故障电流和接地故障电流。

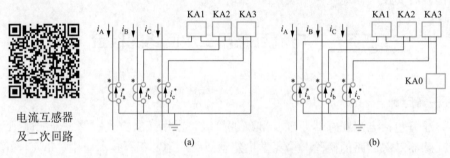

电流互感器
及二次回路

图 3-1　三台电流互感器的完全星形接线

(a) 三相三继电器式接线；(b) 三相四继电器式接线

2. 两台电流互感器的不完全星形接线

两相不完全星形接线与三相完全星形接线的主要区别在于 B 相上不装设电流互感器。这种接线用于小接地电流系统可以测量三相电流、有功功率、无功功率、电能等。两个电流互感器的不完全星形接线如图 3-2 所示。

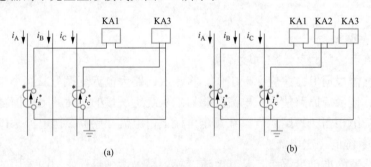

图 3-2　两台电流互感器的不完全星形接线

(a) 两相两继电器式接线；(b) 两相三继电器式接线

3. 一台电流互感器的单相式接线

一台电流互感器的单相式接线，包含图 3-3 所示的三种形式。图 3-3（a）所示电流互感器可以接在任一相上，主要用于测量三相对称负载的一相电流或过负荷保护；图 3-3（b）所

示电流互感器接在变压器中性点引下线上，作为变压器中性点直接接地的零序过电流保护和经放电间隙接地的零序过电流保护；图 3-3（c）所示电流互感器套在电缆线路的外部，相当于零序电流滤过器，通常在小接地电流系统中用作为单相接地保护。

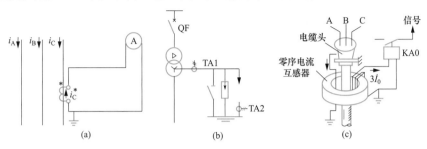

图 3-3 一台电流互感器的单相式接线

（a）电流互感器接在任一相上；（b）电流互感器接在变压器中性线上；（c）电流互感器套在电缆线路上

三、电流互感器二次回路编号原则

交流回路的编号原则具体参见引言中表 0-4、表 0-5，其中表 0-5 为新编号。

（1）对于不同用途的交流回路，使用不同的数字组，在数字组前加大写的英文字母区分相别。例如电流回路用 A111～A119，电压回路用 B611～B619 等。电流回路的数字标号，一般以 10 位数字为一组，几组相互并联的电流互感器的并联回路，应先取数字组中最小的一组数字标号。不同相的电流互感器并联时，并联回路应选任何一组电流互感器的数字组进行标号。

（2）电流互感器和电压互感器的回路，均需在分配给他们的数字标号范围内，自互感器引出端开始，按顺序标号，例如 1TA 的回路标号用 111～119，2TV 的回路标号用 621～629 等。

（3）某些特定的交流回路给予专用的标号组。如用"A310"表示 110kV 母线电流差动保护 A 相电流公共回路；"B320Ⅰ"表示 220kV 的Ⅰ母线电流差动保护 B 相电流公共回路；"C700"表示绝缘检查电压表的 C 相电压公共回路等。

四、电流互感器一次接线方式

电流互感器一次接线方式可按实际运行要求为串联和并联方式。

如图 3-4 所示，根据现场实际应用要求，可通过改变一次接线方式，实现电流互感器的变比选择。一次并联可实现大变比要求，即 2400/1；一次接线串联时，可实现小变比要求，即 1200/1。

电流互感器
一次接线方式

五、电流互感器二次绕组的分配原则

要正确选择不同准确度等级的电流互感器二次绕组。在高压电力系统中，电流互感器有多个二次绕组，以满足计量、测量和继电保护的不同要求。计量对准确度要求最高，在 110kV 及以上系统一般接 0.2 级，测量回路要求相对较低，在 110kV 及以上系统一般接 0.5 级。继电保护设备不要求正常工作情况下的测量准确度，但要求在所需反映的短路电流出现时电流互感器的误差不得超过 10%。220kV 及以下系统一般采用稳态特性的 P 级电流互感器。

保护用电流互感器的配置及二次绕组的分配应避免主保护出现死区。按照近后备原则配置的两套主保护应分别接入互感器的不同二次绕组。

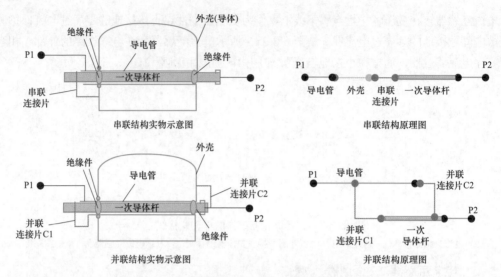

图 3-4 电流互感器串并联结构实物示意图和原理图

接入保护的电流互感器二次绕组应按下列原则分配。

（1）双重化配置的继电保护，其电流回路应分别取自电流互感器相互独立的绕组。电流互感器的保护级次应靠近 L1（P1）侧（即母线侧），测量（计量）级次应靠近 L2（P2）侧（即线路侧）。

（2）保护级二次绕组从母线侧按先间隔保护后母差保护排列。

（3）母联或分段回路的电流互感器，装小瓷套的一次端子 L1/（P1）侧应靠近母联或分段断路器；接入母差保护的二次绕组应靠近 L1（P1）侧。

（4）故障录波应接于保护级电流互感器的二次回路。

（5）接入母线保护和主变压器差动保护的二次绕组不得再接入其他负载。

六、数字双钳相位伏安表

数字双钳相位伏安表如图 3-5 所示，可以测量电压之间、电流之间、电压与电流之间的相位，判别感性、容性电路及三相电压的相序，检测变压器的接线组别，测试二次回路和母差保护系统，读出差动保护各组电流互感器之间的相位关系，检查电能表的接线正确与否等。

数字双钳相位
伏安表使用

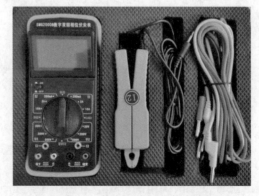

图 3-5 数字双钳相位伏安表

其操作使用方法如下。

（1）测量交流电压。将功能量程开关拨至参数 U1（或 U2）对应的量限，将被测电压从 U1（或 U2）插孔输入进行测量。

（2）测量交流电流。将旋转开关拨至参数 I1（或 I2）对应的量限，将标号为 I1（或 I2）的钳形电流互感器二次侧引出线插头插入 I1（或 I2）插孔，钳口卡在被测线路上进行测量。

（3）测量两电压之间的相位角。测 U2 滞后 U1 的相位角时，将开关拨至参数 U1、U2。注意：测量时电压输入插孔旁边符号 U1、U2 及钳形电流互感器红色"＊"符号为相位同名端。

（4）测量两电流之间的相位角。测 I2 滞后 I1 的相位角时，将开关拨至参数 I1、I2。

（5）测量电压与电流之间的相位角。将电压从 U1 输入，用 I2 测量钳将电流从 I2 输入，开关旋转至参数 U1、I2 位置，测量电流滞后电压的角度。

七、危险点分析及防范措施

（1）试验前为防止互感器剩余电荷或感应电荷伤人、损坏试验仪器，应将被试互感器进行充分放电，试验仪器可靠接地。

（2）一次通流试验过程中，应确认电流回路确无开路后方可试验，通流试验至少由三人配合完成，一人操作试验仪器，一人测量二次电流，一人专责指挥和监护。

保护测控装置与
电流互感器连接
的二次回路运行
注意事项

防范电流互感器二次回路开路的措施如下。

1）电流互感器二次回路不允许装设熔断器等短路保护设备。

2）电流互感器二次回路一般不进行切换。当必须切换时，应有可靠的防止开路措施。

3）电流互感器二次回路的端子应采用试验端子。

4）保证电流互感器二次回路的连接导线有足够的机械强度。

5）已安装好的电流互感器二次绕组备用时，应将其引入端子箱内短路接地。短路位置应在电流互感器的引线侧，防止试验端子连片接触不良造成电流互感器二次回路开路。

（3）登高接入试验线时，尽量使用高空作业车。无高空作业车时，应按照规定使用安全带和绝缘梯。

（4）扩建线路的电流互感器二次回路检验，应采取可靠的二次安全措施与运行设备（母线保护）隔离，确保检验工作不会造成运行设备的异常误动。

🚀 任务实施

一、电流互感器二次绕组准确度等级分配检验

1. 资料和设备安装接线检查

（1）资料核查。电流互感器铭牌参数应完整，出厂合格证及试验资料应齐全，试验资料应包括下列内容：所有绕组的极性和变比，包含各抽头的变比；各绕组的准确度等级、容量和内部安装位置；二次绕组各抽头处的直流电阻；各绕组的伏安特性。

（2）电流互感器安装情况核查。安装电流互感器时，装小瓷套的一次端子 L1（P1）应在母线侧。L1（P1）端绝缘击穿的可能性小于 L2（P2）端。电流互感器绝缘被击穿

时,若击穿点在线路侧,依靠线路保护动作即可切除故障;若击穿点在母线侧,则将引起母线保护或主变压器后备保护(母线无快速保护时)动作,扩大停电范围。因此安装电流互感器时,装小瓷套的一次端子 L1(P1)应在母线侧。电流互感器回路连接框图如图 3-6 所示。

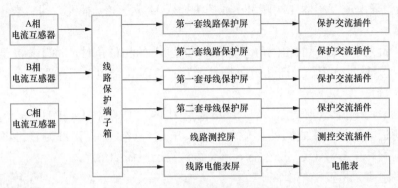

图 3-6 电流互感器回路连接框图

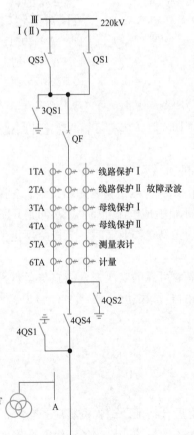

图 3-7 敞开式变电站 220kV 线路
电流互感器二次绕组分配图

2. 电流互感器二次绕组分配核查

电流互感器二次绕组分配核查,可按照敞开式变电站和 GIS 变电站两种类型分别说明:敞开式变电站电流互感器为单侧布置,GIS 变电站上下两个电流互感器气室分别布置在断路器两侧。

(1)敞开式变电站电流互感器二次绕组分配核查。敞开式变电站 220kV 线路电流互感器二次绕组分配图如图 3-7 所示,原理接线图如图 3-8 所示。

对照图 3-7 和图 3-8 核查敞开式变电站中电流互感器二次绕组,共 6 组,供保护及自动装置用的有 4 组,图中所使用的电流互感器准确度等级为 5P30 级,输出容量为 40VA,其中靠近 P1(L1)侧的 1TA 和 2TA 供双套线路保护用,故障录波回路串接于第二套线路保护回路后;3TA 和 4TA 供双套母线保护用。5TA 供测量回路用,准确度等级为 0.5 级。6TA 供计量回路用,准确度等级为 0.2S 级。

一般情况保护用电流互感器二次绕组固定变比,测量和计量绕组有两个变比抽头,接 S1-S2 抽头时变比为小变比抽头,本例中实际变比为 1200/5;接 S1-S3 抽头时变比为大变比抽头,本例中实际变比 2400/5。电流互感器的一次端 P1 与二次端子 S1 为同极性端。测量(计量)级二次绕组靠近 L2(P2)侧,是为了尽可能缩小母差保护范围,从而减小停电范围。保护级二次绕组从母线侧按先线路保护、后母差保护排列,当任一套保护停用,发生电流互感器内部故障时,可避免出现保护死区。测量和计量绕组主要工作于正常运行状态,在故障时快速饱和。故障录波电流回路应串接在线路保护回路后面,不得接入测量或计量绕组,否则故障时由于电流互感器饱和不能正确反映故障时电流波形。

(2)GIS变电站电流互感器二次绕组分配核查。GIS变电站220kV线路电流互感器二次绕组分配图如图3-9所示。

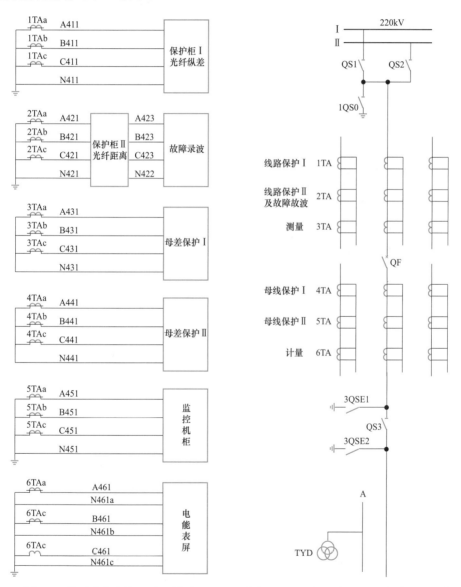

图3-8　敞开式变电站220kV线路 　　图3-9　GIS变电站220kV线路电流互感器
电流互感器二次绕组原理接线图　　　　　二次绕组分配图

对照图3-9核查GIS变电站中电流互感器的二次绕组,共6组,分别布置于断路器气室两侧,双侧布置可避免断路器和电流互感器之间发生故障产生的死区问题。其中供保护及自动装置用的有 4 组，图中所使用的电流互感器准确度等级为 5P30 级，输出容量为 40VA，其中靠近母线侧的 1TA 和 2TA 供双套线路保护用，故障录波回路串接于第二套线路保护回路后；4TA 和 5TA 供双套母线保护用。3TA 供测量回路用，准确度等级为 0.5 级。6TA 供计量回路用，准确度等级为 0.2S 级。

二、电流互感器二次回路绝缘检验

使用 MIT410 型号绝缘电阻表（如图 3-10 所示），按照仪器要求正确接线，接线如图 3-11 所示测量二次回路绝缘。按照检验规程要求，应选择为 1000V 电压挡。设备开机后，黑色表笔与红色表笔短接，进行仪器自检，此时绝缘电阻应为 0Ω。自检测完毕后，应进行放电，以确保试验人员安全。

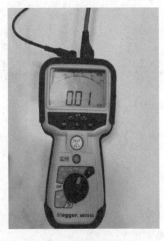

图 3-10　绝缘电阻表外观

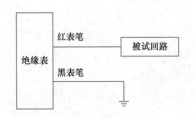

图 3-11　绝缘电阻测试接线图

测试时，先将黑色表笔接地，再将红色表笔接入到被测试回路，按下"测试"按钮，待数据稳定后读取电阻数值，应大于 10MΩ，测试应两人进行，一人进行测量，另一人监护和记录数据，数据记录见表 3-1。

表 3-1　　　　　　　　　　　　电流回路绝缘电阻测量记录单

试验项目	测量电阻（MΩ）	断开电流回路接地点		
		A 相	B 相	C 相
1S				
2S				
3S				
4S				
5S				
6S				
试验结论				
试验人员				
试验日期				

三、电流互感器二次回路一点接地检验

电流互感器二次回路接地属于保安接地，应使用 4mm² 的黄绿多股软铜线在端子箱处接地，一端接入端子排时压针孔鼻，另一端接在一次铜排上压圆孔铜鼻，接地线应连接牢固并悬挂明显的接地标识。线路投运前应检查确认二次回路确为一点接地。对于220kV线路，各二次绕组的接地点应设置在端子箱处。

电流互感器二次回路一点接地检验如图3-12所示。检验工作使用万用表和螺丝刀，在端子排处依次拆除电流回路的接地线后，使用万用表电阻挡测量绕组对地的电阻值应为无穷大，恢复接地线后复测绕组对地的电阻值应为零。将测量数据记于表3-2。如拆除电流回路的接地线后，测量电阻值仍为零，应全面检查电流回路是否存在另外的接地线。电流回路失去接地在高压窜入时将造成设备损坏和人身伤害，电流回路多点接地时将造成保护装置的不正确动作。

电流互感器
二次回路的
检验回路的

电流互感器
二次回路
绝缘检查

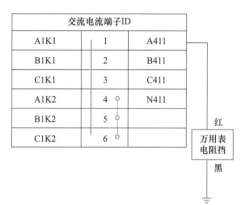

图 3-12　电流互感器端子箱二次回路一点接地检验

表 3-2　　　　　　　　　　　电流回路一点接地检查记录表

试验项目	测量电阻（MΩ）		在端子排处依次拆除电流回路的接地线		
			A 相	B 相	C 相
1S					
2S					
3S					
4S					
5S					
6S					
试验项目	测量电阻（MΩ）		恢复接地线后复测绕组对地的电阻值		
			A 相	B 相	C 相
1S					
2S					
3S					
4S					
5S					
6S					
试验结论					
试验人员					
试验日期					

四、电流互感器一次通流检验

电流互感器一次通流检查应在其他试验全部完成后进行，目的在于对整体电流回路进行最后的全面检验。主要是检验电流回路确无开路和所连接的回路接线正确性。此检验工作在电流互感器就近处进行，使用大电流发生器和钳形电流表。

1. 跨接法检查电流回路确无开路

一次通流检验开展前需要检查电流回路确无开路，可采用跨接法检查。用万用表在端子箱端子排处测量电流回路跨接电阻，如图 3-13 所示。

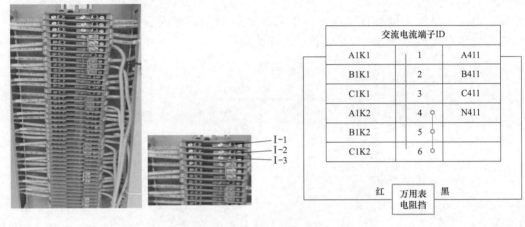

图 3-13　电流互感器端子箱跨接电阻测量

端子排电流连接片处于打开状态，万用表置于电阻挡，红表笔接在端子回路号 A1K1 处，黑表笔接在端子回路号 A411 处，待数据稳定后读取电阻数值，此时测量的是包括互感器绕组和二次负荷的电阻值之和，三相数据应接近一致。数值大小与电缆长度、所接负载情况有关，各绕组应全部测量。若跨接电阻测量数值不正确或三相数值偏差大，应检查回路有无开路点或接线松动情况。

以测量第一绕组跨接电阻为例，其他绕组参照，测量步骤如下：

（1）打开端子排Ⅰ-1/Ⅰ-2/Ⅰ-3试验端子连接片。

（2）万用表电阻表挡，表笔与试验端子两侧可靠接触。

（3）待数值显示稳定后记录，见表 3-3。

表 3-3　　　　　　　　　　　　　电流回路跨接电阻测量记录表

试验项目	测量电阻（Ω）			试验结论	试验人员
	A 相	B 相	C 相		
1S					
2S					
3S					
4S					
5S					
6S					

2. 一次通流试验

跨接测量完成后，恢复电流回路试验端子连接片，经第二人复查后方可开展一次通流试验，试验接线如图 3-14 所示。

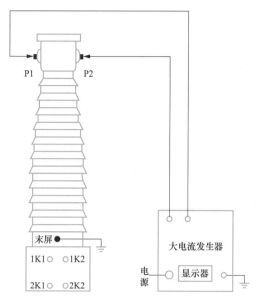

图 3-14　电流互感器一次通流试验接线图

（1）试验人员检查试验接线，由试验负责人复查试验接线正确后，在征得试验负责人同意和户内保护屏、测控屏、电能表屏等地点试验人员的许可后，方可开始试验。

（2）在试验过程中要进行呼唱并加强监护，应站在绝缘垫上，手在测试仪开关附近，随时警戒异常情况的发生。

（3）试验中，应首先接通电源空气断路器，按下启动按钮，缓慢调整电流输出旋钮同时读取电流表数值。通入一次电流的大小应结合电流互感器变比选取，电流值过大，将造成试验仪器和导线发热；电流值过小，造成测量数据精度差。在本例中，电流互感器变比为 2400/5，可选取加入的一次电流值为 120A，折算到二次值为 0.25A。

（4）待一次电流数值调整到位后，用对讲机通知保护小室内人员依次读取第一套线路保护屏、第二套线路保护屏、第一套母线保护屏、第二套母线保护屏、线路测控屏（后台）、电能表屏电流数值。

（5）按相别分别通入一次电流时，二次应测量该相电流和 N 线电流两个数值，以确保电流回路的完整性。

（6）当所有二次绕组电流都检查正确后，一名试验人员应在电流互感器二次接线盒处用短接线依次短接 1S～6S 绕组，在短路前二次电流应为 0.25A，短接后减小接近于 0（具体数值视短接线的电阻值而定，有一定偏差）。该检验工作的目的为进一步确认二次绕组的分配与铭牌（见图 3-15）和设计图纸一致，二次回路接线正确。测试过程中的数据记录于表 3-4。

（7）测试完毕后，应先缓慢调整电流输出旋钮至零，按下停止按钮，关闭测试仪的电源开关，确认试验数据均正确无误后，再对被试电流互感器测试绕组放电、接地，取下测试线夹。

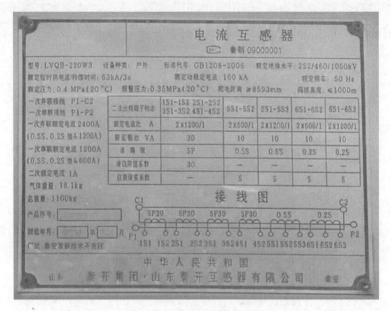

图 3-15　电流互感器铭牌

表 3-4 　　　　　　　　　　　　　　　××线路一次通流试验数据表

试验相别	A 相	B 相	C 相
一次电流		120A	
线路保护屏 I （回路编号 411）	I_a 0.25A, $3I_0$ 0.25A 实测值：	I_b 0.25A, $3I_0$ 0.25A 实测值：	I_c 0.25A, $3I_0$ 0.25A 实测值：
线路保护屏 II （回路编号 421）	I_a 0.25A, $3I_0$ 0.25A 实测值：	I_b 0.25A, $3I_0$ 0.25A 实测值：	I_c 0.25A, $3I_0$ 0.25A 实测值：
母线保护屏 I （回路编号 431）	I_a 0.25A, $3I_0$ 0.25A 实测值：	I_b 0.25A, $3I_0$ 0.25A 实测值：	I_c 0.25A, $3I_0$ 0.25A 实测值：
母线保护屏 II （回路编号 441）	I_a 0.25A, $3I_0$ 0.25A 实测值：	I_b 0.25A, $3I_0$ 0.25A 实测值：	I_c 0.25A, $3I_0$ 0.25A 实测值：
线路测控屏 （回路编号 451）	I_a 0.25A, $3I_0$ 0.25A 后台显示 120A	I_b 0.25A, $3I_0$ 0.25A 后台显示 120A	I_c 0.25A, $3I_0$ 0.25A 后台显示 120A
电能表屏 （回路编号 461）	I_a 0.25A, $3I_0$ 0.25A 实测值：	I_b 0.25A, $3I_0$ 0.25A 实测值：	I_c 0.25A, $3I_0$ 0.25A 实测值：
试验结论			
试验人员			
试验日期			
仪器编号			

（8）再次检查试验现场有无遗留物，是否恢复被测电流互感器的原始状态等，向试验负责人汇报测试工作结束和测试结果、结论等，整个试验过程结束。

注意：在进行一次通流试验过程中，按设计接入母线保护的两个绕组应采取二次安全措施，防止通入的电流误进入母差回路从而造成保护异常告警。应确保电流回路未接入运行的母线保护屏，并在电缆侧用短路片或短接线短接后用钳形电流表测量数值，其他绕组可在保护屏、测控屏和电能表处通过屏幕采样值菜单观察电流数值。接入母线保护的电流二次回路工作应在新线路试运行过程中开展。在试运行过程中，母线保护将退出运行一段时间，在此期间接入电流二次回路，并完成母线保护跳线路断路器的回路传动。

3. 带负荷测相位

线路的保护应在带负荷测相位检查正确后，方可加入运行。试运行过程中，使用钳形相位表测量线路保护、母线保护、测量计量回路电流幅值与相位，并按照负荷性质计算电流、电压之间的相位角，确认三相电流大小应一致，相位正相序互差120°。

钳形相位表使用时，参见图 3-5，将电压线插入 U1 接线口，红表笔接 UA，黑色表笔接 N600，说明以 A 相电压为基准角度，电流卡钳插入 I2 接线孔，此时测量的角度为电压超前电流，卡钳上红色箭头应指向电流来的方向。按钳形相位表读数记录数据，见表 3-5。

表 3-5　　　　　　　　　　　　　电流回路带负荷测相位记录表

试验项目	相位记录			
线路保护屏 I	A 相：	B 相：	C 相：	N 相：
线路保护屏 II	A 相：	B 相：	C 相：	N 相：
母线保护屏 I	A 相：	B 相：	C 相：	N 相：
母线保护屏 II	A 相：	B 相：	C 相：	N 相：
测控屏	A 相：	B 相：	C 相：	N 相：
电能表屏	A 相：	B 相：	C 相：	N 相：
后台无功	Q			
后台有功	P			
计算 φ 角	$\varphi = \arctan(Q/P)$			
试验结论				
试验人员				
试验日期				

 任务评价

电流互感器二次回路检验任务评价表						
姓名		学号				
序号	评分项目	评分内容及要求	评分标准	扣分	得分	备注
1	预备工作 （10分）	（1）安全着装。 （2）仪器仪表检查。 （3）被试品检查	（1）未按照规定着装，每处扣0.5分。 （2）仪器仪表选择错误，每次扣1分；未检查扣1分。 （3）被试品检查不充分，每处扣1分。 （4）其他不符合条件，酌情扣分			

续表

序号	评分项目	评分内容及要求	评分标准	扣分	得分	备注
2	班前会 （12分）	（1）交待工作任务及任务分配。 （2）危险点分析。 （3）预控措施	（1）未交待工作任务，每次扣2分。 （2）未进行人员分工，每次扣1分。 （3）未交待危险点，扣3分；交待不全，酌情扣分。 （4）未交待预控措施，扣2分。 （5）其他不符合条件，酌情扣分			
3	放电与接地 （8分）	（1）充分放电。 （2）接地	（1）未放电，扣5分。 （2）未正确放电，扣3分。 （3）其他不符合条件，酌情扣分			
4	放置安全措施及温湿度计（10分）	（1）安全围栏。 （2）标识牌	（1）未设置安全围栏，扣5分；设置不正确，扣3分。 （2）未摆放任何标识牌，扣5分；漏摆一处扣1分；标识牌摆放不合理，每处扣1分。 （3）其他不符合条件，酌情扣分			
5	试验电源接取 （10分）	正确接取工作电源	（1）未接取工作电源扣10分。 （2）未按照规定接取电源，扣5分。 （3）其他不符合条件，酌情扣分			
6	试验接线与测试 （20分）	（1）正确接线。 （2）正确使用仪器	（1）接线错误，扣10分。 （2）仪器操作不当，扣10分。			
7	试验报告 （15分）	完整填写试验报告	（1）未填写试验报告，扣10分。 （2）未对试验结果进行判断，扣5分。 （3）试验报告填写不全，每处扣1分			
8	整理现场 （5分）	恢复到初始状态	（1）未整理现场，扣5分。 （2）现场有遗漏，每处扣1分。 （3）离开现场前未检查，扣2分。 （4）其他情况，请酌情扣分			
9	综合素质 （10分）	（1）着装整齐，精神饱满。 （2）现场组织有序，工作人员之间配合良好。 （3）独立完成相关工作。 （4）执行工作任务时，大声呼唱。 （5）不违反电力安全规定及相关规程				
10	总分（100分）					

试验开始时间：　　时　　分
结束时间：　　时　　分　　　　　　　　　　　　　实际时间：　　时　　分

教师

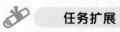 **任务扩展**

对电流互感器二次负载进行检验，设计检验记录表并记录检验结果。

使用 CTP-120P 型互感器测试仪，可进行电流互感器二次负载检验，接线如图 3-16 所示。

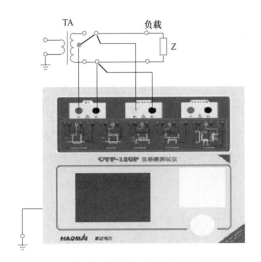

图 3-16　电流互感器二次负载试验接线图

　　该项检验工作选取在被测试电流互感器端子箱附近处进行，红黑 S1、S2 试验线与黄黑 S1、S2 试验线应接入在端子排的右侧即端子箱至保护室电流二次回路电缆侧。S1 接 A411，S2 接 N411。测量电流互感器二次负载的试验目的是校核 10% 误差曲线能否满足要求。

学习与思考

（1）在现场测量时，若遇感应电压影响，造成读数不准，应如何处理？

（2）进行一次通流测试时，是不是电流越大越好？为什么？

（3）请说出电流互感器二次回路跨接电阻测试方法。

任务二 电压互感器二次回路的检验

任务目标

本学习任务包括电压互感器原理、常用接线方式及应用等，通过电压互感器二次回路的检验，培养学生熟悉回路原理及工程技术应用，重点突出专业技能以及职业核心能力培养。

任务描述

主要完成电压互感器二次回路的检验，包括电压互感器二次回路相序接线检查、电压互感器二次回路绝缘检查、电压互感器二次回路接地点检查、电压互感器二次回路短路防范措施检查等 4 个检查验收项目。以 220kV TYD 型电容式电压互感器二次回路验收为例阐述检验过程。

知识准备

一、电压互感器工作原理及常用类型

电压互感器用来将二次回路与高压一次回路隔离，将一次高电压准确地变换至二次保护及二次仪表的允许电压，使继电器和仪表既能在低电压情况下工作，又能准确反映电力系统中高压设备的运行情况。

电压互感器种类有电磁式电压互感器、电容电压抽取式电压互感器以及光电式电压互感器。电磁式电压互感器的优点是结构简单、暂态特性好，其缺点是易产生铁磁谐振，致使一次系统过电压、易饱和，造成测量不准确及过热损坏。电容式电压互感器（即电容电压抽取式电压互感器）的优点是没有铁磁谐振问题，其稳态工作特性与电磁式电压互感器基本相同，但暂态特性较差，当系统发生短路故障时，其暂态过程持续时间比较长，影响快速保护的工作精度。目前电力系统中广泛使用的是电容式电压互感器。

根据安装位置的不同，电压互感器有线路电压互感器和母线电压互感器。

对于单母线（或单母线分段）、双母线的主接线，一般在母线上安装多绕组的三相电压互感器，作为保护和测量公用；如有需要，可增加专供计量的电压互感器绕组或安装计量专用的电压互感器组。在线路侧安装单相或两相电压互感器以供同期并列和重合闸判无压、判同期使用。其中，在小接地电流系统，应在线路侧装设两相式电压互感器或装一台电压互感器接线间电压。在大接地电流系统，一般在 A 相安装一台电容分压式电压互感器，以供同期并列和重合闸判无压、判同期以及载波通信公用。

对于 3/2 断路器形式的主接线，一般在线路（或变压器）侧安装 3 台电容分压式电压互感器，作为保护、测量和载波通信公用，而在母线上安装单相互感器以供同期并列和重合闸判无压、判同期使用。

二、电压互感器参数

1. 一次（一次绕组）额定电压

在电力系统中应用的电压互感器，多为三绕组电压互感器。匝数多的绕组为一次绕组。有两个二次绕组，其一用于测量相电压或线电压，另一绕组用于测量零序电压。通常，用于测量相电压或线间电压的绕组称为二次绕组，另一绕组为三次绕组。

电压互感器一次输入的电压，就是所接电网的电压。因此，一次额定电压的选择值应与相应电网的额定电压相符，绝缘水平应保证能长期承受电网电压，并能短时承受可能出现的雷电、操作及异常运行方式（例如失去接地点时的单相接地）下的过电压。

目前，国内常用的电压互感器一次额定电压有 10、35、110、220、330、500、750、1000kV 等 8 个类别。

2. 二次（二次绕组）及三次（三次绕组）额定电压

保护用单相电压互感器二次及三次的额定电压，通常有 100、57.7、100/3V 三种。用于大电流接地系统的电压互感器，其二次、三次额定电压值分别为 57.7、100V，而用于小电流接地系统的电压互感器，其二次、三次额定电压值则分别为 57.7、100/3V。

3. 电压互感器的变比

电压互感器的变比，等于一次额定电压与二次额定电压的比值，也等于一次绕组匝数同二次绕组匝数或三次绕组匝数之比。

用于大电流接地系统电压互感器与用于小电流接地系统的电压互感器的变比不同。前者的变比为 $\frac{U_N}{\sqrt{3}}/\frac{0.1}{\sqrt{3}}/0.1kV$，而后者的变比则为 $\frac{U_N}{\sqrt{3}}/\frac{0.1}{\sqrt{3}}/\frac{0.1}{3}kV$，其中 U_N 为一次系统的额定电压，线电压。

三、电压互感器的常用接线方式及其应用

电压互感器二次电压主要取决于一次电压，是二次设备的电压信号源。电压互感器目前变电站常见的接线方式有以下几种。

1. 电压互感器的单相式接线

该接线有两种形式，一种是反映一次系统线电压的接线，如图 3-17（a）所示，其变比一般为 $U_1/100$，一次绕组可接任一线电压，但不能接地，二次绕组应有一端接地，目前多用于小接地电流系统判线路无压或判同期。另一种是反映一次系统相电压的接线，以电容分压式电压互感器为典型，主要用于 110kV 及以上大接地电流系统中。图 3-17（b）所示为单相电容分压式电压互感器，在高压相线与地之间接入串联电容，在邻近接地的

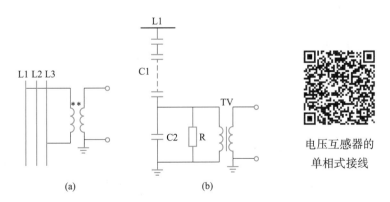

图 3-17　电压互感器的单相式接线

（a）接于两相间；（b）单相电容分压式电压互感器

一个电容器端子上并接一台电压互感器 TV，该接线通常接在 A 相，用于判线路无压或同期，其变比一般为 $U_{ph}/(100/\sqrt{3})$。

2. 电压互感器组成的 V-v 接线

由两台单相电压互感器组成的 V-v 接线如图 3-18 所示。该接线广泛用于小接地电流系统，特别是 10kV 三相系统的母线电压测量，因为它既能节省一台电压互感器又可满足所需的线电压，但不能测量相电压，也不能接绝缘监视仪表。这种接线，一次绕组不接地，二次绕组 B 相接地，其变比一般为 $U_1/100$。

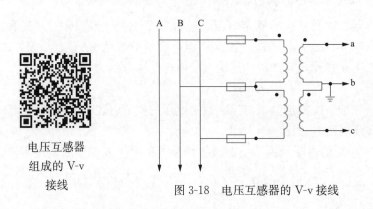

电压互感器
组成的 V-v
接线

图 3-18　电压互感器的 V-v 接线

3. 电压互感器的星形接线

图 3-19 所示为电压互感器的星形接线，其中图 3-19（a）为中性点接无消谐电压互感器的星形接线，图 3-19（b）为中性点接有消谐电压互感器的星形接线。

这种接线可提供相间电压和相对地电压（相电压）给测量、控制、保护以及自动装置等，其中图 3-19（b）多用于小接地电流系统，电压互感器中性线通过消谐互感器接地，使系统发生接地时电压互感器上承受的电压不超过其正常运行值，起到消谐的作用。星形接线的电压互感器变比一般为 $U_{ph}/(100/\sqrt{3})$，中性点的消谐电压互感器变比为 $U_{ph}/100$。

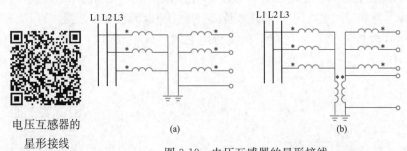

电压互感器的
星形接线

图 3-19　电压互感器的星形接线
（a）中性点接无消谐电压互感器的星形接线；（b）中性点接有消谐电压互感器的星形接线

4. 电压互感器的开口三角形接线

电压互感器的开口三角形接线如图 3-20 所示，三相绕组头尾相连，顺极性串联形成开口三角形接线，因此，开口三角形两端子间的电压为三相电压的相量和，即能够提供 3 倍的零序电压供给二次设备所需。在小接地电流系统中，当发生一相金属性接地时，未接地相电压上升为线电压，开口三角形两端子间的电压为非接地相对地电压的相量和。规定开口三角形两端子间的额定电压为 100V，所以各相辅助绕组的电压互感器变比为 $U_{ph}/(100/3)$。在大接地电流系统中，当发生单相金属性接地故障时，未接地相电压基本未发生变化，仍为相电压。因此规定开口三角形两端子间的额定电压为 100V，所以各相辅助二次绕组的电压互感器变比为 $U_{ph}/100$。

电压互感器的
开口三角形
接线

5. 多绕组的三相电压互感器接线

由一个或多个星形接线作为主工作绕组，以开口三角形接线作为辅助工作绕组，构成多绕组的三相电压互感器接线，是电力系统中应用最为广泛的一种接线形式。图 3-21 所示为三绕组电压互感器接线，即 YN/yn/d 接线。工作绕组可测量线电压和相对地电压，辅助绕组可提供零序电压，在小接地电流系统中一般用于对地的绝缘监察；在大接地电流系统中，可用于不对称接地保护，因而能够满足二次设备对各种电压的需求。在大接地电流系统中，该接线方式一般采用三台单相电压互感器构成。在小接地电流系统中，也可由三相五柱式电压互感器构成。

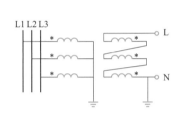

图 3-20 电压互感器的开口三角形接线   图 3-21 电压互感器的 YN/yn/d 接线

四、工作危险点分析及防范措施

（1）试验前为防止互感器剩余电荷或感应电荷伤人、损坏试验仪器，应将被试互感器进行充分放电，试验仪器可靠接地。

（2）二次加压试验过程中，应确认电压回路确无短路和接地路后方可试验，加压试验至少由三人配合完成，一人操作试验仪器，一人测量电压，一人专责指挥和监护。

（3）登高接入试验线时，尽量使用高空作业车。无高空作业车时，应按照规定使用安全带和绝缘梯。

（4）电压互感器二次回路检验，应采取可靠的二次安全措施与运行设备隔离，确保检验工作不会造成运行设备的异常及保护误动。

 **任务实施**

一、电压互感器二次回路相序接线检查

由于母线电压互感器是三相独立布置，三相电压分别通过电缆从各相电压互感器二次接线盒引至电压互感器端子箱，通过端子箱汇总后再分配至保护Ⅰ、保护Ⅱ、测量、计量回路使用。

在进行相序接线检验时应分两步走，将端子箱处作为分界点，在端子箱处将电压回路端子箱连片打开。

电压互感器二
次回路的检验

继电保护测试
仪的使用

第一步：端子箱至电压互感器二次接线盒的电缆正确性通过校线的方法进行，确保线芯号——对应，接线端子与图纸完全相符。

第二步：端子箱至电压并列屏之间的电缆正确性通过加二次电压验证方法进行验证，确保准确度等级与二次负载——对应，接线端子与图纸完全相符。在端子箱连接片的户内电缆侧用微机保护试验仪加入电压，为方便区分相别，可按照 A 相电压 10V、B 相电压 20V、C 相电压 30V 试验，在电压并列屏端子排 11UD 处用万用表测量数值，注意保护、测量、计量和开口三角形绕组分别测试，在测试过程中做好向一次侧反送电隔离措施，确保电压互感器端子箱处电压空气断路器 ZKK 置于断开状态，电压互感器隔离开关断开状态，投入电压并列屏直流电源空气断路器。

电压回路连接示意图如图 3-22 所示，原理接线图如图 3-23 所示，二次回路原理图如图 3-24 所示。检查数据记录于表 3-6。

电压互感器与
保护屏的连接
示意

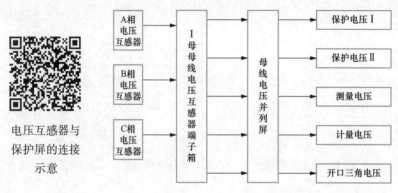

图 3-22　电压回路连接示意图

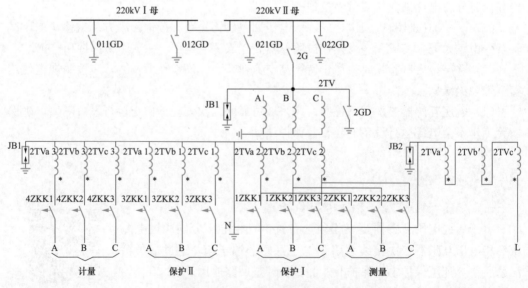

图 3-23　电压互感器原理接线图

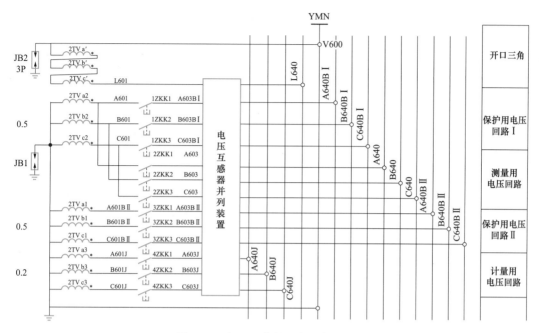

图 3-24　电压互感器二次回路原理图

表 3-6　　　　　　　　　　　电压互感器二次回路相序接线检查记录表

试验项目	端子箱至电压互感器二次接线盒的电缆相序正确性检查		
保护电压Ⅰ	A 相：	B 相：	C 相：
保护电压Ⅱ	A 相：	B 相：	C 相：
测量电压	A 相：	B 相：	C 相：
计量电压	A 相：	B 相：	C 相：
	端子箱至电压并列屏之间的电缆序正确性检查		
保护电压Ⅰ	A 相：	B 相：	C 相：
保护电压Ⅱ	A 相：	B 相：	C 相：
测量电压	A 相：	B 相：	C 相：
计量电压	A 相：	B 相：	C 相：
试验结论			
试验人员			
试验日期			

二、电压互感器二次回路绝缘检查

使用 MIT410 型号绝缘电阻表，按照仪器要求正确接线测量二次回路绝缘。按照检验规程要求，应选择为 1000V 电压挡。设备开机后，黑色表笔与红色表笔短接，进行仪器自检，此时绝缘电阻应为 0Ω。自检完毕后，应进行放电，以确保试验人员安全。测试时，先将黑色表笔接地，再将红色表笔接入到被测试回路，按下"测试"按钮，待数据稳定后读取电阻数值，应大于 10MΩ，测试应两人进行，一人进行测量，另一人监护和记录数据，见表 3-7。

表 3-7　　　　　　　　　　电压回路绝缘电阻测量记录表

试验项目	测量电阻（Ω）	断开电压回路接地点		
		A 相	B 相	C 相
保护电压Ⅰ				
保护电压Ⅱ				
测量电压				
计量电压				
开口电压				
试验结论				
试验人员				
试验日期				

三、电压互感器二次回路一点接地检查

按照设计和运行习惯，母线电压互感器的一点接地一般设置在电压并列屏，宜在电压互感器端子箱处将每组二次回路中性点分别经放电间隙或氧化锌阀片接地，为保证接地可靠，各电压互感器的中性线不得接有可能断开的开关或熔断器等。电压互感器二次回路一点接地检验记录见表 3-8。

表 3-8　　　　　　　　　电压互感器二次回路一点接地检验记录单

电压互感器二次回路一点接地检查		验收人：	验收结论：是否合格	问题说明：
1	检查电压并列屏处使用 4mm^2 的黄绿多股软铜线在屏顶小母线或端子排处接地，一端接入端子排时压针孔鼻，另一端接在一次铜排上压圆孔铜鼻，接地线应连接牢固并悬挂明显的接地标识	现场检查	□是　□否	
2	线路投运前应检查确认二次回路确为一点接地	现场检查	□是　□否	
3	在端子排处依次拆除电压回路的接地线后，使用万用表电阻挡测量绕组对地的电阻值应为无穷大，恢复接地线后复测绕组对地的电阻值应为零	现场检查	□是　□否	
4	如拆除电压回路的接地线后，测量电阻值仍为零，应全面检查电压回路是否存在另外的接地线	现场检查	□是　□否	
5	整站新安装时可通过拆除站内 N600 接地线来验证一点接地，对于扩建工作则不能误拆 N600 接地线，否则将造成站内保护互感器失去保安接地。只能先验证扩建的电压互感器在未与站内 N600 连接时确无其他接地点后，再与 N600 之间连线	现场检查	□是　□否	
6	定期检查放电间隙或氧化锌阀片，防止造成电压二次回路出现多点接地	现场检查	□是　□否	

电压互感器及
二次回路检测

四、电压互感器二次回路短路防范措施检验

电压互感器端子箱处应配置分相自动空气断路器，保护屏柜上交流电压回路的自动空气断路器应与电压回路总路开关在跳闸时限上有明确的配合关系。剩余电压绕组（开口三角形绕组）和另有特别规定者，二次回路不应装设自动空气断路器或熔断器。

电压互感器端子箱分相自动空气断路器在投运前应进行短路试

验，根据自动空气断路器型号按照短路电流曲线在空气断路器上下口之间通入电流，一般通入电流达(6~10)I_N时，空气断路器应瞬时跳开。

电压互感器二次回路短路防范措施检验记录见表3-9。

应说明的是：开口三角形绕组不装设自动空气断路器或熔断器，原因在于正常运行时开口三角形绕组电压仅为不平衡电压，接近于零，无法对开口三角形绕组电压数值进行正常监视。当自动空气断路器断开或熔断器熔断时，无告警信号，而接地故障时零序电压无输出，会造成保护的不正确动作。一旦开口三角形绕组短路时将会造成电压互感器损坏，在工作中应特别注意。

表 3-9　　　　　　　电压互感器二次回路短路防范措施检验记录表

试验项目	电压互感器二次回路短路防范措施检验
空气断路器上下口之间通入电流	参考值：(6~10) I_N 实加值：
试验结论	
试验人员	
试验日期	

 任务评价

电压互感器二次回路检验任务评价表						
姓名		学号				
序号	评分项目	评分内容及要求	评分标准	扣分	得分	备注
1	预备工作 (10分)	(1) 安全着装。 (2) 仪器仪表检查。 (3) 被试品检查	(1) 未按照规定着装，每处扣0.5分。 (2) 仪器仪表选择错误，每次扣1分；未检查扣1分。 (3) 被试品检查不充分，每处扣1分。 (4) 其他不符合条件，酌情扣分			
2	班前会 (12分)	(1) 交待工作任务及任务分配。 (2) 危险点分析。 (3) 预控措施	(1) 未交待工作任务，每次扣2分。 (2) 未进行人员分工，每次扣1分。 (3) 未交待危险点，扣3分；交待不全，酌情扣分。 (4) 未交待预控措施，扣2分。 (5) 其他不符合条件，酌情扣分			
3	放电与接地 (8分)	(1) 充分放电。 (2) 接地	(1) 未放电，扣5分。 (2) 未正确放电，扣3分。 (3) 其他不符合条件，酌情扣分			
4	放置安全措施及温湿度计 (10分)	(1) 安全围栏。 (2) 标识牌	(1) 未设置安全围栏，扣5分；设置不正确，扣3分。 (2) 未摆放任何标识牌，扣5分；漏摆一处扣1分；标识牌摆放不合理，每处扣1分。 (3) 其他不符合条件，酌情扣分			

续表

序号	评分项目	评分内容及要求	评分标准	扣分	得分	备注
5	试验电源接取（10分）	正确接取工作电源	(1) 未接取工作电源扣10分。 (2) 未按照规定接取电源，扣5分。 (3) 其他不符合条件，酌情扣分			
6	试验接线与测试（20分）	(1) 正确接线。 (2) 正确使用仪器	(1) 接线错误，扣10分。 (2) 仪器操作不当，扣10分			
7	试验报告（15分）	完整填写试验报告	(1) 未填写试验报告，扣10分。 (2) 未对试验结果进行判断，扣5分。 (3) 试验报告填写不全，每处扣1分			
8	整理现场（5分）	恢复到初始状态	(1) 未整理现场，扣5分。 (2) 现场有遗漏，每处扣1分。 (3) 离开现场前未检查，扣2分。 (4) 其他情况，请酌情扣分			
9	综合素质（10分）		(1) 着装整齐，精神饱满。 (2) 现场组织有序，工作人员之间配合良好。 (3) 独立完成相关工作。 (4) 执行工作任务时，大声呼唱。 (5) 不违反电力安全规定及相关规程			
10	总分（100分）					

试验开始时间：　　时　　分
结束时间：　　时　　分

实际时间：
　　时　　分

教师			

 任务扩展

完成电压互感器二次核相。

电压互感器二次回路上述检验完成后，全面恢复电压回路端子排连接片，检查无临时短接线。在试运行过程中将进行电压互感器二次核相工作，使用万用表测量并记录各绕组电压二次数值，确认三相电压大小应一致，相位正相序互差120°。单电源电压互感器二次核相记录表见表3-10。

如变电站内有其他电源，还应进行不同电源间电压互感器二次定相工作，确保在电压并列时无短路。

表 3-10　　　　　　　　　　　　单电源电压互感器二次核相记录表

测试绕组	A相电压（幅值相位）	B相电压（幅值相位）	C相电压（幅值相位）
保护电压Ⅰ			
保护电压Ⅱ			
测量电压			
计量电压			
开口三角电压			
仪表编号			

测试绕组	A 相电压（幅值相位）	B 相电压（幅值相位）	C 相电压（幅值相位）
试验结论			
试验人员			
试验日期			

学习与思考

（1）在现场测量时，若遇感应电压影响，造成读数不准，应如何处理？

（2）进行二次加压测试过程中，遇到自动空气断路器跳闸应如何检查和处理？

（3）进行电压互感器二次核相工作时，对于不同电源间电压互感器二次定相工作如何操作？

任务三　电压并列装置及二次回路的检验

任务目标

本学习任务包括电压互感器二次回路并列与切换作用和原理等，通过对并列装置及二次回路的检验，培养学生熟悉回路原理及工程技术应用，重点突出专业技能以及职业核心能力培养。

任务描述

主要完成电压并列装置及二次回路检验，包括母联断路器/母联隔离开关位置检查、并列继电器动作检查、电压并列后母线电压检查、电压并列装置及二次回路信号回路检查等 4 个步骤。以 220kV 变电站 PXC 型电压并列装置及二次回路检验工作为例来阐述检验过程。

知识准备

一、电压互感器二次回路并列与切换装置的作用

当一次主接线为分段母线（含内桥接线）或双母线接线方式时，每段母线上装设一组电压互感器，用以测量该段母线的电压。相应地，二次电压小母线亦设置为两段。母线电压互感器二次回路并列装置与切换装置是为了满足下列两个需求而设置的。

（1）设置母线电压互感器二次回路并列装置，满足两组母线电压互感器的互为备用，以确保交流电压小母线回路可以根据系统运行方式的需要，进行分列或并列。

（2）设置母线电压互感器二次回路切换装置，确保各电气单元二次设备的电压回路随同一次元件一起投退。对于双母线系统上所连接的各电气元件，一次回路元件在哪一组母线上，二次电压回路应随同主接线一起切换到同一组母线上的电压互感器供电。

电压互感器的二次侧电压，提供给保护、测量、计量等装置使用，当母线电压互感器因检修或其他原因需要退出运行时，而该母线上的线路依然在运的情况下，通过电压并列回路，让正常运行的电压互感器同时带两段母线的二次回路运行，从而保证二次设备的正常工作。

两组电压互感器并列时，应遵循先并列一次，再并列二次的原则，否则一次侧电压不平衡，二次侧将产生较大环流，容易引起熔断器熔断，使得保护失去二次电压。

当运行中的电压互感器发生以下异常现象时，应采取停运该段母线或停运异常电压互感器的措施，如停运电压互感器，应在停运前完成电压并列操作，以防止二次设备在电压互感器倒换过程中失压，使保护及自动装置失去电压。

电压互感器常见异常现象：

（1）本体、引线接头过热。

（2）内部声音异常或有放电声。

（3）本体渗漏油、油位过低。

（4）互感器喷油、流胶或外壳开裂变形。

（5）内部发出焦臭味、冒烟、着火。

（6）套管破裂、放电、引线与外壳之间有火花。

（7）二次空气断路器连续跳开或熔断器连续熔断。

（8）高压侧熔断器熔断。

（9）二次输出电压波动或异常。

（10）铁磁谐振。

二、危险点分析及防范措施

（1）试验前应熟悉电压并列回路图纸，掌握工作原理。

（2）检验过程中，涉及分、合母联断路器及隔离开关，应确保多专业工作范围无交叉，避免交叉作业造成人员伤害。应在户外母联断路器机构处设专人监护。

（3）检验过程中，需要通过试验仪器在电压二次回路施加电压量，应可靠断开电压互感器端子箱处电压空气断路器或熔断器，对于不经空气断路器的开口电压应拆除接线，防止造成向一次反送电。检验期间，其他在电压回路上的工作应暂停。整体工作设专人监护和指挥。

（4）检验过程中，发生试验仪器报警或电压空气断路器跳闸等异常情况，应立即停止工作进行检查，待查明原因并予以消除后方可继续开展检验。

电压并列装置
及二次回路的
检验

任务实施

电压并列装置的二次回路检验开展前，应检查出厂合格证及试验资料应齐全，装置型号与设计一致，屏柜内接线图实相符。

一、母联断路器、母联隔离开关位置检查

（1）按照设计要求，母联（分段）断路器应使用三相联动式断路器，接入电压并列装置的断路器辅助触点应为动合触点，在断路器为合闸位置时触点闭合。在二次回路检验时应在断开直流电源时采用万用表测量回路触点电阻：在断路器分闸时触点之间电阻为无穷大，在断路器合闸时触点之间电阻为零值。

（2）按照设计要求，应接入母联（分段）断路器两侧隔离开关的动合辅助触点，在隔离开关为合闸位置时触点闭合。在二次回路检验时应在断开直流电源时采用万用表测量回路触点电阻：在隔离开关分闸时触点之间电阻为无穷大，在隔离开关合闸时触点之间电阻为零值。应分别检查两侧隔离开关辅助触点的接入正确性。

（3）母联断路器及两侧隔离开关单触点导通性验证完成后，要进行实际传动，以检验回路设计及电缆二次回路接线的正确性。把母联断路器、隔离开关Ⅰ、隔离开关Ⅱ均置于合闸位置时，其串联后总开入触点导通，任意一个元件处于断开位置时，回路断开。

二、并列继电器动作检查

1. 电压并列装置逆变电源自启动检验

在进行并列继电器检查前，首先需要对电压并列装置逆变电源自启动检验：一是直流电源缓慢上升时的自启动性能检验。合上保护装置逆变电源插件上的电源开关，试验直流电源由零缓慢升至 80％额定电压值，此时逆变电源插件面板上的电源指示灯应点亮，失电告警继电器触点返回。二是拉合直流电源时的自启动性能，直流电源调至 80％额定电压，断开、合上逆变电源开关，逆变电源指示灯应点亮，失电告警继电器触点返回。

当工作现场不具备可调节直流电源的情况下，可在额定电压下进行，断开、合上逆变电源开关 3 次，逆变电源指示灯应正常点亮，失电告警继电器触点返回。

2. 并列继电器动作检查

电压互感器二次回路并列装置采用直流控制，有就地操作和遥控操作两种方式。进行并列回路检验应首先进行直流回路验证，送上并列装置电源，面板电源指示灯点亮。PCX 系列电压并列装置面板示意图如图 3-25 所示。

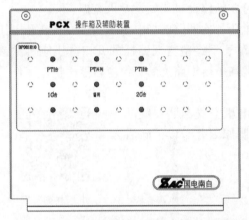

图 3-25　PCX 系列电压并列装置面板示意图

电压互感器二次回路并列装置具有电压互感器二次回路并列切换以及电压互感器二次回路投、退切换两种功能，对电压小母线的电压输入起控制作用。

并列装置由三部分组成，控制原理如图 3-26 所示，电压原理如图 3-27 所示。其中 1GWJ、2GWJ 为组合继电器，由母线Ⅰ、Ⅱ段电压互感器隔离开关位置触点 S9 控制，当电压互感器在运行位置时，位置触点 S9 动合触点闭合，1GWJ、2GWJ 动作，其动合触点闭合，将交流电压送到小母线。同时面板上 TVⅠ合、TVⅡ合灯点亮。

手动并列时将 2QK 投入，遥控并列时 1QK 投入，通过控制 KL1 继电器实现远方并列。无论是手动并列或远方并列，电压并列装置受母联（分段）断路器控制，当Ⅰ、Ⅱ段高压母线分列运行时，母联（分段）断路器断开，电压并列装置中的 1K 继电器不启动，其动合触点打开，两段电压小母线也在分列运行状态。只有当Ⅰ、Ⅱ段高压母线并列运行，母联（分段）断路器及两侧隔离开关合上，分段位置触点 QS 接通，投入 1QK 或 2QK 时，电压并列装置中的 1K 继电器才能启动，其动合触点闭合，将两段电压小母线对应接通，实现Ⅰ、Ⅱ段电压小母线 A630 与 A640 并列、A630′与 A640′并列，其他相也对应并列。同时面板上 TV 并列灯点亮。

三、电压并列后母线电压检查

电压并列装置直流逻辑回路检验正确后，需对电压并列后母线电压检查。可在电压并列屏Ⅰ段电压（回路编号 630）端子排处用试验仪器分别按照保护电压Ⅰ、保护电压Ⅱ、测量电压、计量电压加入电压，在Ⅱ段电压（回路编号 640）端子排处用万用表测量数值，为方便区分相别，可按照 A 相电压 10V、B 相电压 20V、C 相电压 30V 试验。在母联位置开入触点闭合及并列把手打至并列方式下，Ⅱ段电压各相数值同加入的Ⅰ段电压值一致，当断开手动并列把手时，Ⅱ段电压各相无数值。

四、电压并列装置及二次回路信号回路检验

电压并列装置及二次回路还应对信号回路进行检验，如图 3-28 所示，可根据设计信号，逐一进行模拟。在保护和计量Ⅰ母电压小母线上装有电压监视继电器 1KV1、1KV2、2KV1、2KV2，其动断触点并联发出保护Ⅰ母电压消失、计量Ⅰ母电压消失信号。Ⅱ母同理，电压监视继电器为 3KV1、3KV2、4KV1、4KV2。电压并列信号、直流消失、保护电压消失、计量电压消失应按照真实并列装置动作，关闭电源和断开电压互感器一次隔离开关来验证。信号指示应检查面板及后台一致，且上送至调度端。

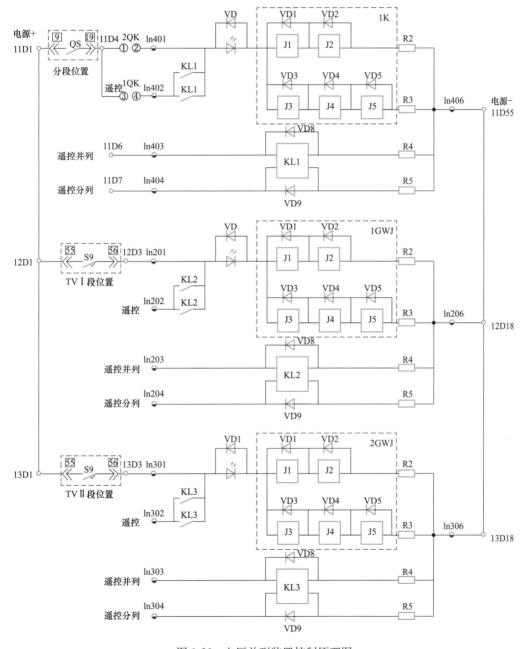

图 3-26　电压并列装置控制原理图

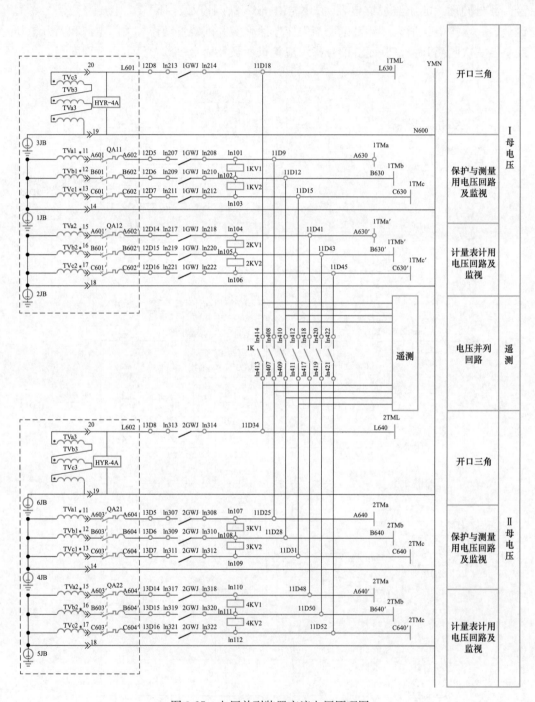

图 3-27 电压并列装置交流电压原理图

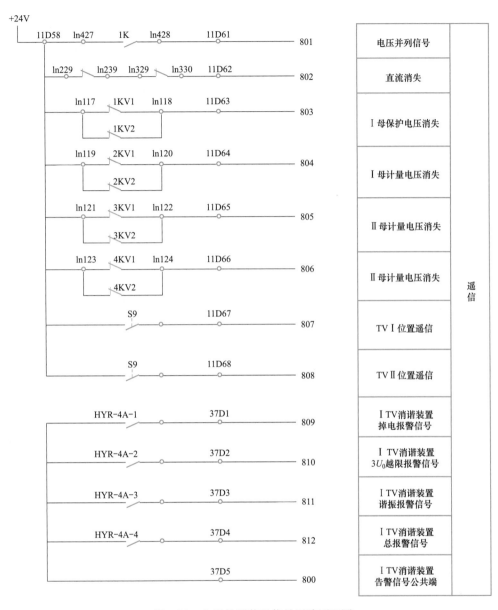

图 3-28 电压并列装置信号回路原理图

五、电压并列回路功能检验记录单

填写电压并列回路功能检验记录单，见表 3-11。

表 3-11 电压并列回路功能检验记录单

并列装置型号及编号			
电压并列装置生产厂家			
工作内容	检验方法	结论	试验人员
母联断路器触点检查	实际分合断路器		
隔离开关Ⅰ触点检查	实际分合隔离开关		

续表

工作内容	检验方法	结论	试验人员
隔离开关Ⅱ触点检查	实际分合隔离开关		
母联断路器及隔离开关总开入检查	均合位状态分别断开断路器、隔离开关Ⅰ、隔离开关Ⅱ		
逆变电源自启动试验	断合电源三次		
并列继电器动作检查	按控制原理试验		
并列后母线电压检查	Ⅰ母加入模拟电压，测量Ⅱ母电压数值（所有绕组分别进行）		
电压并列装置信号检查	模拟真实动作行为，检验信号上送至后台		
检验日期：			

 任务评价

电压并列装置及二次回路的检验任务评价表						
姓名		学号				
序号	评分项目	评分内容及要求	评分标准	扣分	得分	备注
1	预备工作（10分）	(1) 安全着装。 (2) 仪器仪表检查。 (3) 被试品检查	(1) 未按照规定着装，每处扣0.5分。 (2) 仪器仪表选择错误，每次扣1分；未检查扣1分。 (3) 被试品检查不充分，每处扣1分。 (4) 其他不符合条件，酌情扣分			
2	班前会（12分）	(1) 交待工作任务及任务分配。 (2) 危险点分析。 (3) 预控措施	(1) 未交待工作任务，每次扣2分。 (2) 未进行人员分工，每次扣1分。 (3) 未交待危险点，扣3分；交待不全，酌情扣分。 (4) 未交待预控措施，扣2分。 (5) 其他不符合条件，酌情扣分			
3	断路器隔离开关操作（8分）	(1) 有专责监护人。 (2) 专业无交叉作业	(1) 无专责监护人，扣5分。 (2) 交叉作业，扣3分。 (3) 其他不符合条件，酌情扣分			
4	放置安全措施及温湿度计（10分）	(1) 安全围栏。 (2) 标识牌	(1) 未设置安全围栏，扣5分，设置不正确，扣3分。 (2) 未摆放任何标识牌，扣5分；漏摆一处扣1分；标识牌摆放不合理，每处扣1分。 (3) 其他不符合条件，酌情扣分			
5	试验电源接取（10分）	正确接取工作电源	(1) 未接取工作电源扣10分。 (2) 未按照规定接取电源，扣5分。 (3) 其他不符合条件，酌情扣分			
6	试验接线与测试（20分）	(1) 正确接线。 (2) 正确使用仪器	(1) 接线错误，扣10分。 (2) 仪器操作不当，扣10分			
7	试验报告（15分）	完整填写试验报告	(1) 未填写试验报告，扣10分。 (2) 未对试验结果进行判断，扣5分。 (3) 试验报告填写不全，每处扣1分			

续表

序号	评分项目	评分内容及要求	评分标准	扣分	得分	备注
8	整理现场 （5分）	恢复到初始状态	（1）未整理现场，扣5分。 （2）现场有遗漏，每处扣1分。 （3）离开现场前未检查，扣2分。 （4）其他情况，请酌情扣分			
9	综合素质 （10分）	（1）着装整齐，精神饱满。 （2）现场组织有序，工作人员之间配合良好。 （3）独立完成相关工作。 （4）执行工作任务时，大声呼唱。 （5）不违反电力安全规定及相关规程				
10	总分（100分）					
试验开始时间：　　　时　　　分 结束时间：　　　时　　　分				实际时间： 　　　　时　　　分		
教师						

 任务扩展

完成母线电压互感器至二次电压小母线的电气连接检查，设计检查表单并记录结果。

母线电压互感器作为提供保护、调节、测控用电压信号源的公用设备，通常设置公用电压小母线。每组母线电压互感器按照不同二次绕组不同相别，把二次电压一一对应地送到各电压小母线上，再通过电压小母线分送到各个电气单元的二次装置。

如图 3-29 所示为四绕组接线的 I 母线电压互感器与其二次电压小母线之间的典型连接。电压互感器二次侧有两个工作绕组和一个辅助绕组。工作绕组 1 的三相电压从后缀数字标号为"601"的各引出端引出，分别与数字标号为"630"的各相电压小母线连接，为保护和测控装置提供交流电压源；工作绕组 2 的三相电压从后缀数字标号为"601′"的各引出端引出，分别与数字标号为"630′"的各相电压小母线连接，为计量装置提供交流电压源。辅助绕组从标号为"L601"的引出端引出，与数字标号为"L630"的电压小母线连接，为二次装置提供零序电压源。

同理，Ⅱ母线电压互感器二次绕组从引出端引出后，其工作绕组 1 与数字标号为"640"的各相电压小母线连接，工作绕组 2 与数字标号为"640′"的各相电压小母线连接。辅助绕组与数字标号为"L640"的电压小母线连接（图中未画出）。

在图 3-29 中，各绕组引出端至各电压小母线之间所接元件分别是：

（1）在电压互感器两个工作绕组 601 与 602 以及 601′与 602′之间装设短路保护。接有距离保护时，短路保护宜为自动空气断路器。但开口三角形辅助二次绕组不装设短路保护。

（2）开口三角形辅助二次绕组装设消谐装置（用于小接地电流系统中）。

（3）各绕组引出线除 N 相外，均经设在母线电压并列装置内的电压互感器隔离开关辅助触点重动继电器的控制。

另外，电压互感器二次侧采用中性点直接接地方式，各个二次绕组 N 相单独通过各自电缆线直接引入到控制室内电压小母线端子排。N600 作为公用接地小母线，其公共接地点设在控制室两组电压互感器引出线的汇集处，在该处一点接地。

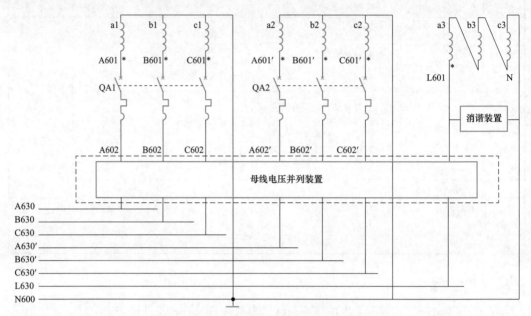

图 3-29　Ⅰ母母线电压互感器接线图

　　根据以上知识，完成母线电压互感器至二次电压小母线的电气连接检查任务，设计检查表单并记录结果。

学习与思考

（1）在现场检验时，若遇装置并列灯不点亮，应如何处理？

（2）进行二次加压测试过程中，遇到自动空气断路器跳闸应如何检查和处理？

（3）请说出何种情况下需进行电压并列操作。

情境总结

　　通过对本项目的系统学习和实训操作，学生能够熟练掌握互感器二次回路相关理论知识，能够识读电流互感器二次回路和电压互感器二次回路原理图纸、接线图纸，明确互感器二次回路检验的目的、器材、危险点及防范措施，掌握各项试验的标准试验接线、方法和步骤，在专人监护和配合下按照相关规程要求完成互感器二次回路常规检验，并依据相关试验标准，对试验结果做出正确的判断和比较全面的分析。

变电站二次智能设备及回路的检验

情境描述

变电站二次智能设备及回路的检验，是继电保护检修人员的典型工作情境。本情境可涵盖的工作任务主要包括综合自动化变电站测控装置及二次回路、智能变电站智能终端及二次回路、合并单元及二次回路的检验，以及相关规定、规程、标准的应用等。

情境目标

通过本情境学习应达到以下目标。

（1）知识目标：熟悉综合自动化变电站测控装置作用；熟悉智能变电站基本结构；熟悉智能变电站智能终端、合并单元的作用；读懂测控装置、智能终端、合并单元等二次回路图；明确测控装置、智能终端、合并单元及二次回路检验的有关规程、规定及标准。

（2）能力目标：能够根据信号、信息及其他现象判断测控装置、智能终端、合并单元二次回路运行状态；能够根据二次回路原理图纸、接线图纸，按照相关规程要求，在专人监护和配合下完成测控装置、智能终端、合并单元及二次回路的常规检验。

（3）素质目标：牢固树立变电站二次回路运行维护与检验过程中的安全风险防范意识，严格按照标准化作业流程进行。

任务一 主变压器测控装置及二次回路的检验

任务目标

本学习任务包括测控装置主要功能和原理等，通过对变压器测控装置二次回路的检验，培养学生熟悉回路原理及工程技术应用，重点突出专业技能以及职业核心能力培养。

任务描述

主要完成主变压器测控装置及二次回路的检验，包括主变压器温度采集二次回路检验、主变压器挡位采集二次回路检验、开关量输入二次回路检验、开关量输出及断路器遥控二次回路检验等4个步骤。以某220kV主变压器高压侧CSI 200型测控装置及二次

保护测控装置
演示

微机保护测控
装置的功能及
运行

回路检验为例阐述检验过程。

知识准备

一、测控装置功能

测控装置是变电站综合自动化系统中不可或缺的重要设备，主要功能包括遥信采集、遥测信息采集及遥控等。用于主变压器间隔的测控装置，因其监测的一次设备（主变压器）的特殊性，与其他元件测控相比增加了特殊的功能及相应二次回路，具体包括以下几个方面。

（一）遥测信息采集

遥测信息采集包括交流遥测采集和直流遥测采集两部分。

（1）交流遥测可通过装置内的高隔离（AC 2000V 电压）、高精度（0.2 级）TA/TV 将强交流电信号不失真地转变为内部弱电信号，经简单的抗混叠处理后完成模/数转换，测控装置采集到相应数字量信息后进行运算，真实反映出相应电气量特性和设备运行状态。

（2）直流遥测采集主要针对主变压器温度、室温，变电站直流母线电压等信息，经过采集变送器输出的 0～5V 或 4～20mA 的信号，通过运算反映出相应电气量状态。

主变压器直流遥测采集主要采集主变压器油温表、绕温表的温度。主变压器温度采集设备及二次回路主要包括热电阻测温、温度变送、测控温度采集三部分，实现对主变压器温度的监测，判断变压器运行状态，防止主变压器温度过高。为适应变电站综合自动化的需要，适应变电站无人值班管理的运行模式要求，变压器油温监视信号通过测控装置传送到站端监控系统及调度端。在智能变电站中，汇控柜的温湿度也通过测控装置传送到站端监控系统及调度端。

1）热电阻测温部分。在变电站综合自动化系统中，测点温度不高，通常使用热电阻作为一次测温元件。目前应用较广泛的热电阻材料是铂，它仅将温度高低转变为电阻值的大小，通过测量电阻值的大小可推知温度的高低。在实际温度测量中，常使用电桥作为热电阻的测量电路，用仪表在现场指示温度的高低。

2）温度变送部分。当温度信号要进行远传时，需要采用与温度变送器相配合的测量方式，将热电阻测量电路输出的电阻接入温度变送器内，温度变送器输出 0～5V 或 4～20mA 的直流信号，该直流信号与热电阻阻值成正比，测得该直流信号即可获得温度值。将温度变送器的输出信号接到系统测控单元部分，可实现温度信号的测量远传。

3）测控温度采集部分。确认温度变送器输出的直流信号（0～5V 或 4～20mA）与测控装置直流量采集元件需要的信号一致，则可将直流信号直接接入至测控装置。CSI 200 系列测控温度采集回路如图 4-1 所示。

（二）遥信信息采集

遥信信息用来传递断路器、隔离开关、接地隔离开关等的位置状态，传递继电保护、安全自动装置的动作状态，系统中设备的运行状态信号。

遥信信息通常由电力设备的辅助触点提供，辅助触点的开合直接反映出该设备的工作状态，例如主变压器测控装置有载调压挡位采集通过遥信信息采集的方式获取。在测控装置遥信采集电路中，由于被采集的电力设备辅助触点不论无源还是有源，均来自强电系统，直接进入测控装置将会产生干扰或损坏设备，因此需要加入信号隔离措施，通常采用继电器和光电耦合器作为遥信信息的隔离器件。

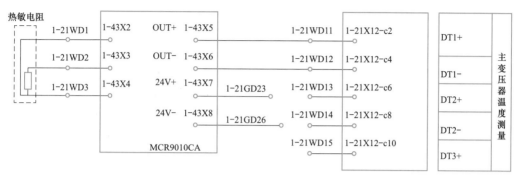

图 4-1 CSI 200 系列测控温度采集回路

变压器的运行挡位是系统运行的重要指标，挡位显示是否正确直接影响到现场人员对现场实际情况的判断。为适应变电站综合自动化的需要，适应变电站无人值班管理的运行模式要求，需要通过主变压器挡位采集设备及二次回路实现挡位信息的采集并传送至调度端，综自系统中通过测控装置实现相应功能。

（1）变压器挡位采集方式。变压器挡位信号的采集方式，可以分为两种：一种是通过直接接线采集挡位值，包括直接一对一方式、个位加十位方式以及 BCD 编码方式；另一种是通过挡位变送器采集挡位值，包括电阻分压方式以及 4～20mA 电流环方式。考虑到经济性和实用性，BCD 编码是应用最广泛的挡位监测方式，本节以某种 BCD 编码为例介绍主变压器挡位采集功能及二次回路。

（2）BCD 编码挡位采集原理。BCD 编码挡位采集原理是将主变压器挡位的机械位置信号转换成 BCD 码传给测控装置，再由测控装置上传至后台机以及远方，如图 4-2 所示。具体实现方式是按照 BCD 码的编码规则，挡位的个位 0～9 按 "8421" 码，个位上 4 根线即可表述分接头 0～9 间的挡位位置，用 1 根线作为 BCD 码输出公共端，因此

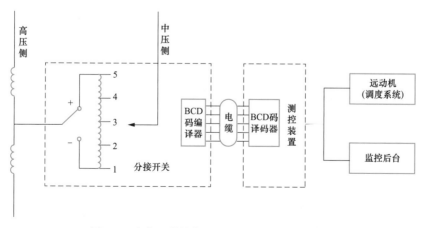

图 4-2 主变压器挡位 BCD 编码挡位显示示意图

5 芯电缆即可完成信号的传输。监控系统将主变压器挡位的 BCD 编码接入遥信开入回路，按照 BCD 编码规则通过译码器还原即可得出变压器挡位实际位置，该方式占用遥信资源少、抗干扰能力强。

（三）遥控控制功能

综合自动化系统的变电站，操作人员可以在变电站、集控中心或调度中心，通过显示器、键盘或鼠标，对断路器和隔离开关进行遥控分、合闸操作，对变压器分接开关位置进行遥控调节控制，对电容器进行遥控投、切控制。为防止综合自动化系统故障时无法操作被控设备，设计中都保留了就地手动直接进行跳、合闸操作的功能。断路器操作应有闭锁功能，一般闭锁包括：断路器操作时，应闭锁自动重合闸；就地进行操作和远方控制操作要相互进行闭锁，保证只有一处操作，以免互相干扰；根据实际接线，自动实现断路器与隔离开关间的操作闭锁，满足不同运行方式的要求。无论就地操作或远方操作，都应有防误操作的闭锁，遥控操作严格按照选择、返校、执行三步骤，实现出口继电器校验，即要收到返校信号后，才执行下步操作。主变压器测控装置遥控功能主要包括断路器、隔离开关及主变压器有载调压分接开关挡位升挡、降挡及急停遥控。

线路保护测控
柜演示

二、操作箱功能及配置

在变电站综合自动化系统中，对一个含断路器的设备间隔，其二次系统需要三个独立部分来完成：微机保护装置、微机测控装置、操作箱。操作箱内部安装的是针对断路器的操作回路，用于执行各种针对断路器的操作指令，这类指令分为合闸、分闸、闭锁三种，可能来自多个方面，例如本间隔微机保护装置、微机测控装置、强电手操装置、外部微机保护装置、自动装置等。

操作箱的配置，在常规综合自动化变电站中一台断路器有且只有一台操作箱，在智能变电站中 220kV 及以上电压等级一台断路器配双套保护和双套操作箱，110kV 及以下电压等级一台断路器配一台操作箱。

测控装置控制断路器等一次设备的实现方式有两种，一种是通过后台机、调度端等进行远方遥控操作，另一种是在测控装置处通过分合闸把手就地操作，两种操作都需要通过操作箱来实现。

在后台机上使用监控软件对断路器进行遥控操作时，操作指令通过站控层网络触发微机测控装置里的控制回路，控制回路发出的对应指令通过控制电缆到达操作箱（或微机保护装置内操作插件），操作箱对这些指令进行处理后通过控制电缆发送到断路器机构的控制回路，最终完成操作。动作流程为测控装置→操作箱→断路器。

在测控屏上使用操作把手对断路器进行操作时，操作把手的触点与测控装置里的控制回路是并联的关系，操作把手发出的对应指令通过控制电缆到达操作箱（或微机保护装置内操作插件），操作箱对这些指令进行处理后通过控制电缆发送到断路器机构的控制回路，最终完成操作。使用操作把手操作也称为强电手操，它的作用是防止监控系统发生故障时（如后台机"死机"等）无法操作断路器。所谓"强电"，是指操作的启动回路在直流 220V 电压下完成，而使用后台机操作时，启动回路在测控装置的弱电回路中。动作流程为：操作把手→操作箱→断路器。

三、危险点分析及防范措施

（1）遥测回路工作时，电流回路不允许开路、电压回路不允许短路。工作时，必须有专人监护，使用绝缘工具并站在绝缘垫上。严格执行工作流程，防止误碰运行设备。

（2）遥信回路工作时，二次接线应正确可靠，并与高压带电部分保持足够的安全距离。遥信开入测试时应防止直流接地造成人身伤害。

（3）遥控回路工作时，应断开控制回路连接片，试验时应将站内运行间隔切换至就地操作状态，防止误遥控造成运行断路器分闸。

（4）防低压触电。

（5）更换变送器、继电器等工作时，在断开二次回路时，应将其工作电源有效隔离，以免短路造成人身触电事故或设备损坏。

（6）二次设备拔插插件时，应先将电源断开，以免烧坏插件。

（7）如需更改相应配置，应提前做好配置备份工作，配置更改后应做详细对比后再进行下装。

🗐　工具及材料准备

本任务以某 220kV 主变压器高压侧 CSI 200 系列型测控装置及二次回路检验为例，需要准备的工具及材料如下。

（1）笔记本电脑。

（2）数字式万用表。

（3）个人组合工具。

（4）直流信号源。

（5）试验用接线。

（6）多用电源插座（带漏电保护）。

（7）图纸资料。

（8）试验结果记录本。

👤　人员准备

（1）教师及学生应着长袖棉质工装，佩戴安全帽，二次回路上工作时应戴线手套。

（2）每 4～5 名学生分为一组，各组学生轮流开展实操，每组人员合理分配，分别进行测量、监护和记录数据。

💡　场地准备

（1）实训现场应配备合格、充足的安全工器具，并正确使用。

（2）实训现场应具备明显的应急疏散标识。

（3）检验时要在工作地点四周装设围栏和标识牌。

主变压器测控
装置及二次
回路的检测

🚀　任务实施

主变压器测控装置及二次回路的检验是为了保证主变压器测控装

置遥信、遥测、遥控功能的正确性和完整性，及时发现信息采集不正确、遥控异常等缺陷。

主变压器测控装置及二次回路验收时，应对测控装置遥信、遥测、遥控功能进行调试验证，对相关二次回路进行试验及检查，主要包括主变压器温度采集和挡位采集、断路器遥控、主变压器有载调压分接开关挡位遥调、开关量输入及输出二次回路。如装置存在出厂缺陷、二次回路异常、寄生回路时，应通过试验方法科学分析，逐步确定异常具体原因。

一、主变压器温度采集二次回路检验

主变压器温度采集设备及二次回路主要包括热电阻测温、温度变送、测控温度采集三部分。以 CSI 200 系列测控装置为例，测控装置通过直流测温插件接收直流信号，并处理为直观显示的变压器温度，直流测温板原理如图 4-3 所示。当直流变送器输出为 4～20mA 时，所选用的直流测温模件的代码为 T；当温度或直流变送器输出为 0～5V 时，所选用的直流测温模件的代码为 Y。

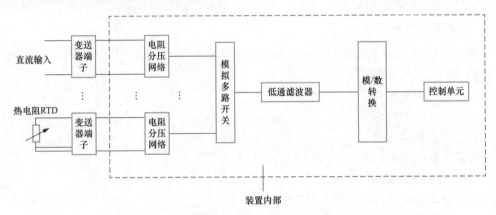

图 4-3　CSI 200 直流测温板原理图

为保证温度显示与实际相符，还需要在测控中进行相关通道属性配置，在填写通道序号时，直流和温度分别计算，都从 0 开始。通道比例是指通道测量的范围，按照实际温度表量程填写，配置界面如图 4-4 所示。

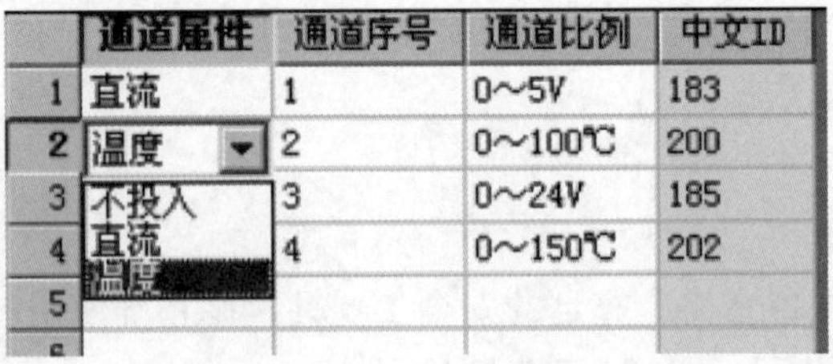

	通道属性	通道序号	通道比例	中文ID
1	直流	1	0～5V	183
2	温度 ▼	2	0～100℃	200
3	不投入	3	0～24V	185
4	直流	4	0～150℃	202
5	温度			
6				

图 4-4　CSI 200 直流通道属性配置图

变压器油温测控装置测量的准确性是安全运行的重要指标之一，测温装置的远方与就地温度计示值一致性偏差要求不大于 5℃。因此，在现场定检或巡视中，发现存在变压器温度显示与实际不一致时，可将变压器温度采集回路分解为上述三部分，逐步确认问题原因。

（1）现场测量温度表输出电阻值，经计算并在 Pt100 工业铂电阻分度值表中查取该电阻对应的温度值，若与温度表显示不一致，则可确认问题在热电阻测温部分。

（2）若确认热电阻测温部分输出电阻值正确，检查温度变送部分接线正确无误后，测量温度变送器输出直流信号（0～5V 或 4～20mA）是否正确，如存在输出异常，则可确认问题在温度变送部分。

（3）若温度变送器输出直流信号正常，则需要检查测控装置温度采集回路的正确性及测控装置内相关通道设置是否与现场一致。

1. 回路检验接线

测控装置直流量采集检测试验时不涉及实际热电阻测温部分和温度变动部分，接线如图 4-5 所示。所使用的仪器为标准直流信号源。根据现场实际需求，直流信号源可输出标准的 0～5V 直流电压或 4～20mA 直流电流。

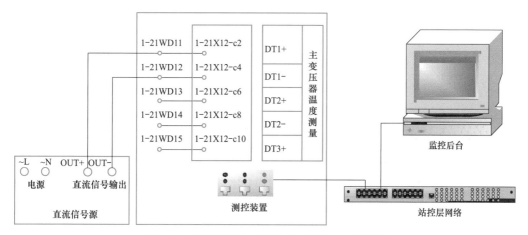

图 4-5　直流量测量（模拟式）检测试验接线图

2. 检验步骤

（1）根据现场实际完成测控装置直流量采集相关通道属性配置。

（2）按图 4-5 完成相应试验接线，将直流信号源 OUT＋、OUT－通过端子排标号 1-21WD11、1-21WD12 端子分别接入测控装置相应测温开入端子 DT1＋、DT1－。

（3）检查测控装置至站控层网络的网线接入是否正常，至监控后台的网络通信状态是否正常。

（4）使用直流信号源模拟发送 0～5V 直流电压或 4～20mA 直流电流信号。

（5）调节直流信号源发送直流信号值，将标准直流信号发生器的输出信号调整为 0、4、8、12、16、20mA，或 0、＋1、＋2、＋3、＋4、＋5V 时，记录不同直流信号输入值下测控装置及监控后台显示的温度值。

计算平均误差，误差计算方法见式（4-1），规程要求装置直流信号采集误差应不大于 0.2%。

$$E_i = \frac{I_1 - I_2}{I_N} \times 100\% \qquad (4-1)$$

式中：E_i 为误差；I_1 为标准表显示值；I_2 为装置显示值；I_N 为额定值。

3. 测试注意事项

（1）测试时应保证无二次寄生回路，测试部分与运行设备隔离清楚。

（2）试验仪器应状态良好，试验过程中应做好相应接地措施。

（3）直流信号源输出为 0～5V 直流电压或 4～20mA 直流电流信号，试验接线应减少中间转接环节，降低损耗。

（4）直流信号源发送值调整后，应保持一段时间，待输出稳定后记录相应数据。

4. 测试记录

将测试结果记录入表 4-1。

表 4-1 主变压器温度采集测试结果记录表

序号	直流信号源输出		监控后台显示温度值（℃）	后台显示温度对应直流量	误差计算	结论
	0～5V	4～20mA				
1	0V	0mA				
2	+1V	4mA				
3	+2V	8mA				
4	+3V	12mA				
5	+4V	16mA				
6	+5V	20mA				
	试验人员					
	试验日期					

二、主变压器挡位采集二次回路检验

变压器挡位信息采集的准确性是安全运行的重要指标之一。主变压器挡位采集二次回路检验目的就是保证检查挡位显示与实际一致，如果不一致，应根据上述介绍将挡位信息采集回路分成两部分来分别进行检查，以确定问题所在。

首先检查挡位控制器或 BCD 译码器处挡位输出部分接线电位的正确性，通过万用表量取挡位输出二次接线电位，将测得的电位按照 BCD 码的编码规则译码后检查是否与现场挡位一致，若不一致则问题在有载调压机构或挡位控制器处，需进一步检查二次回路判断是否存在挡位触点状态不正确、二次接线松动等问题。

挡位控制器输出接线电位检查之后，再进行测控装置接线及配置正确性检查，测控装置接入回路，如图 4-6 所示。图中主变压器挡位采集采用 BCD 编码规则，即测控装置开入正电源至挡位控制器处采集挡位信息，形成 BCD-1、BCD-2、BCD-4、BCD-8、BCD-10 共 5 个挡位开入信息，测控装置根据采集到的开入信息，按照 BCD 编码规则形成具体挡位信息。其中 BCD-1、BCD-2、BCD-4、BCD-8 为第一个 BCD 编码，通过组合可以表示 0～9 共 10 个挡位的信息；BCD-10 为第二个 BCD 编码，若 BCD-10 为 0 表示挡位十位数为 0，BCD-10 为 1 则表示挡位十位数为 1，挡位个位数由第一个 BCD 码表示，例如：00011000 作为 2 位 BCD 码时，其值为 18。

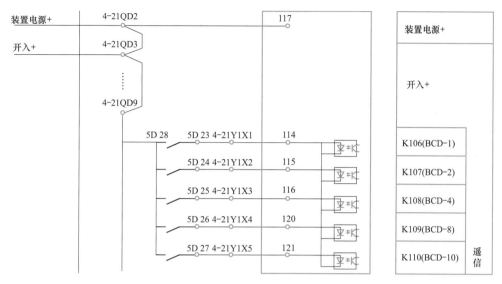

图 4-6 主变压器测控装置挡位开入接线图

1. 检测接线图

测控装置挡位检测可直接使用现场挡位控制器输出挡位信息，或使用短接线短接相应挡位开入，检查测控装置及监控后台显示挡位信息是否与实际一致。挡位检测试验接线如图 4-7 所示。

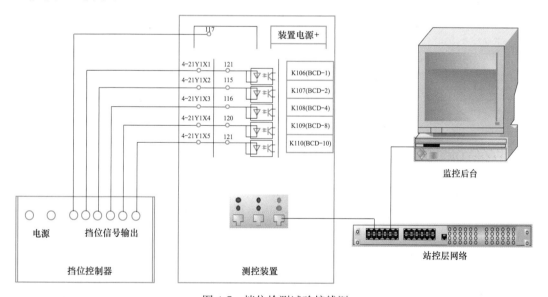

图 4-7 挡位检测试验接线图

2. 测试步骤

（1）根据现场实际完成测控装置挡位采集相关属性配置。

（2）按图 4-7 完成相应试验接线，将挡位控制器挡位信号输出接入到测控装置相应挡位开入中。

（3）检查测控装置至站控层网络的网线接入是否正常，至监控后台的网络通信状态是否正常。

（4）现场调节主变压器挡位，或使用短接线短接挡位控制器相应挡位输出信息，如图 4-7 中，短接端子 117 和 114，将模拟主变压器在 1 挡位时的输出信息；如果短接端子 117 和 120，将模拟主变压器在 8 挡位时的输出信息；如果短接端子 117 和 115、121，将模拟主变压器在 12 挡位时的输出信息。

（5）观察并记录不同挡位输入值下测控装置及监控后台显示的挡位值，记录测控装置各挡位开入电位，并以正电位开入为 1，负电位为 0，组合形成挡位编码。

（6）检查挡位显示是否与实际一致。

3. 测试注意事项

（1）测试时应保证无二次寄生回路，测试部分与运行设备隔离清楚。

（2）挡位控制器应状态良好，试验过程中应做好相应安全措施。

（3）若使用短接开入形式模拟挡位输出，应防止直流接地及直流短路造成人身伤害。

（4）挡位输出值调整后，应保持一段时间，待输出稳定后记录相应数据。

4. 测试记录

将测试结果记录入表 4-2。

表 4-2　　　　　　　　　　主变压器挡位采集测试结果记录表

序号	挡位控制器输出	监控后台显示挡位值	测控挡位开入组合编码	结论
1	1			
2	2			
3	3			
4	4			
⋮	⋮			
n	n			
	试验人员			
	试验日期			

开关量输入
检测方法

保护测控装置
开关量输入
回路

三、开关量输入二次回路检验

1. 开关量输入二次回路

开关量输入包括反映一次设备运行状态的开关输入量信息，如变压器油温过高信号、变压器油位低信号、变压器风冷消失信号、变压器轻瓦斯信号、变压器重瓦斯动作、压力释放信号、有载调压变压器分接头的位置等。还包括反映附属开关的位置及状态的开关输入量信息，如断路器跳闸位置、断路器合闸位置、隔离开关的位置、气压（或液压）信号、弹簧未储能等。综合自动化系统中，开关量输入回路常见为测控装置的遥信信息采集电路。如图 4-8 所示，图中 801～817 分别代表 8 路遥信采集电路编号。遥信信息采集电路的主要作用就是将断路器和隔离开关位置的辅助触点作为遥信信号经光电耦合器隔离后送至遥信输入端，由其输出端与微机的数据总线相连，将实时的断路器隔离开关位置信号引入数据总线，由 CPU 读入。图 4-8 中，二次直流回路标号 801 表示公共端，803～817 分别为主变压器断路器位置和主变压器隔离开关位置遥信开入回路标号。

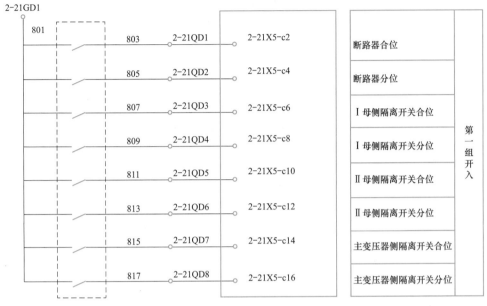

图 4-8　测控装置断路器及隔离开关位置输入回路

2. 开关量输入检测接线图

测控装置开关输入检测可通过实际模拟相应开关量输入或使用短接线短接相应开入触点两种方式，检查测控装置及监控后台显示开入信息是否与实际一致的方法进行验证。开入量检测试验接线如图 4-9 所示。

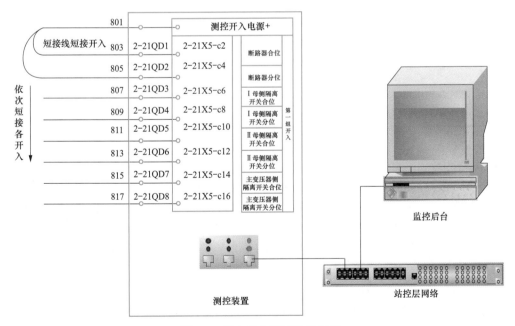

图 4-9　开入量检测试验接线图

3. 测试步骤

（1）根据现场实际完成测控装置开入量相关属性配置。当遥信采用硬触点时，检查遥信电路板，核查遥信输入回路应采用光电隔离，并有硬件防抖。

（2）检查测控装置至站控层网络的网线接入是否正常，至监控后台的网络通信状态是否正常。

（3）实际模拟现场断路器动作或使用短接线短接相应开入触点至测控装置各开入中，如图 4-12 中，短接端子 801 与 803，模拟断路器合位信号。

（4）记录测控装置各开入量显示情况，正电位开入为 1，负电位为 0。若装置内配置遥信量为与逻辑和或逻辑，对装置的遥信输入进行不同状态的设置，检测装置屏幕和模拟监控后台上显示的逻辑状态的正确性。

（5）检查监控后台上送的遥信信息是否与实际一致，信号描述是否与设计一致。

4. 测试注意事项

（1）测试时应保证无二次寄生回路，测试部分与运行设备隔离清楚。

（2）若使用短接开入触点的形式模拟信号开入，应防止直流接地及直流短路造成人身伤害。

（3）模拟开入后应保持一段时间，待输出稳定后记录相应数据及信号描述。

5. 测试记录

将测试结果记录入表 4-3。

表 4-3　　　　　　　　　　　开关量输入检测记录表

序号	模拟或短接开入量	测控开入量 I/0	设计信号描述	监控后台信号描述	结论
1	开入 1				
2	开入 2				
3	开入 3				
4	开入 4				
⋮	⋮				
n	开入 n				
试验人员					
试验日期					

开关量输出
检测方法

四、开关量输出二次回路及断路器遥控二次回路检验

开关量输出包括用来控制一次设备运行状况的开关输出量信息，如用来投切一次设备的断路器合闸命令、跳闸命令，隔离开关合闸命令、分闸命令；用来控制变压器工作状况的启动通风命令、调压命令等。还包括与综合自动合系统装置工作状况有关的开关输出量信息，如装置启动信息、装置复归信息、保护动作信息、装置异常的告警信息等。

1. 测控装置开关量输出二次回路

断路器遥控二次回路是典型的开关量输出二次回路，因为断路器遥控执行输出并不是直接接入到断路器分合闸回路中，而是接入测控装置，由测控装置输出信号通过操作箱实

现断路器的分闸、合闸操作。断路器遥控开关量输出回路如图 4-10 所示，图中"遥合出口"和"遥分出口"回路就是测控装置典型的开关量输出回路。测控装置在确认遥控命令无误执行时，驱动相应的出口继电器——遥控跳闸继电器 YTJ 和遥控合闸继电器 YHJ，YTJ 和 YHJ 触点闭合，将控制正电源引至图 4-11 所示操作箱跳（合）出口端子，接通断路器控制回路，实现断路器跳合闸。

下面以遥控合闸为例，说明合闸过程。在监控系统发出遥控合闸命令后，测控装置在确认遥控命令无误执行时，驱动遥控合闸继电器 YHJ 励磁，继电器触点 YHJ 接通，此时 B01（正电源）→远控把手（远方位置接通）→YHJ（闭合）→遥合连接片（投入）→手合→B12→D3→HYJ（合闸压力闭锁继电器动断触点）→TBJV（防跳继电器动断触点）→HBJ（合闸保持继电器线圈）→断路器辅助动断触点（闭合）→HC（合闸线圈）→B09（负电源）回路接通。HBJ 合闸保持继电器线圈励磁，HBJ 动合触点闭合，保持接通断路器合闸回路，断路器完成合闸全过程，合闸之后断路器辅助动断触点打开，切断电源，HBJ 失电返回。

可见，完成断路器分合闸必须依靠操作箱及断路器控制回路实现，操作箱主要由合闸回路、跳闸回路、防跳回路、断路器操作闭锁回路、断路器位置监视回路等组成。

2. 主变压器断路器遥控二次回路检验

在电网调度自动化系统中，遥控就是调度中心或变电站监控系统发出命令控制远方发电厂或变电站的断路器，进行分合闸操作。遥控命令中包含了指定操作性质（合闸或分闸）、厂站号和被操作的断路器或设备的序号。

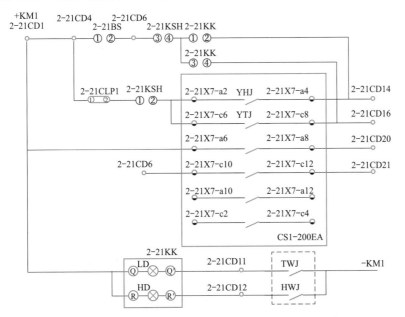

图 4-10　断路器遥控开关量输出回路

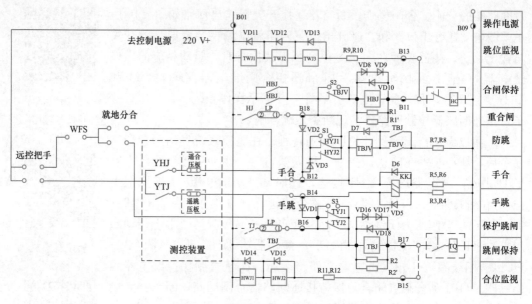

图 4-11　操作箱断路器分合闸回路

（1）主变压器遥控二次回路检验的危险点及注意事项。主变压器遥控功能试验时，工作票中应包含有遥控相关设备及具体工作信息。应做好防止触及其他间隔或小室设备、防止产生无数据、防止进行误操作的安全措施。遥控试验前必须检查遥控点号设置是否正确，核对所有测控装置的遥控点号是否按照上级下达的内容设置。执行遥控操作的测控装置的远方/就地把手应在"远方"位置，其他装置的应在"就地"位置，以防止误遥控造成运行断路器误分闸。

（2）主变压器断路器遥控回路。主变压器测控装置断路器遥控回路如图 4-12 所示，需要特殊注意的地方，一是对于 220kV 及以上具有两个跳闸线圈的断路器，遥控功能使用第一路控制电源+KM1 实现；二是遥控回路中串联有断路器遥控连接片 3-21CLP1 及远方就地把手 3-21KSH 的远方状态，即只有把手在远方状态 3-21KSH①②接通，且遥控连接片 3-21CLP1 投入，遥控才能出口。

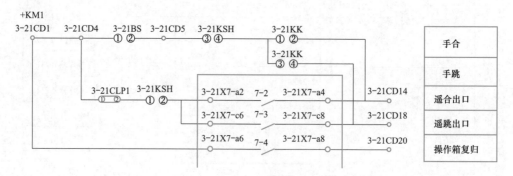

图 4-12　主变压器断路器遥控回路

（3）主变压器断路器遥控试验。断路器遥控可分为调度中心远方执行遥控操作、在监控后台执行遥控操作和测控装置手控操作等三种方法。三种方法主要区别在于发送遥控命令的装置不同，遥控命令涉及的设备不同，但是最终在变电站内都是依靠测控装置实现断路器控制功能的。因此，断路器遥控试验时，可使用逐步调试的方法将联调拆分成容易实现的几个简单步骤，有利于提升工作效率。

遥控操作及其
实例

首先，应执行测控手动控制操作，保证测控装置以及控制回路没有问题，之后再检查变电站当地监控后台、调度中心远方遥控的环节有无问题。

手动控制试验前应做好如下准备工作：

1）将测控装置的远方/就地把手打至"就地"位置。

2）确认本次遥控操作对应的遥控连接片是否处于"退出"位置。

3）如测控具有连锁组态功能且本次遥控操作需要检查连锁组态功能正确性，将"解除闭锁"把手打在"退出"位置。

4）断路器检同期合闸的情况下，检查测控装置同期条件是否满足，检查测控装置的同期设置是否正确。

手控操作执行是在测控装置液晶菜单中，选择"手控操作"进入操作菜单，选择断路器对应的遥控对象（通常是第一个遥控对象）后，确定进入操作选择，根据需要选择"分闸操作"或"合闸操作"，确认操作后进入执行确认环节，可选择执行此次命令或取消本次操作。如果手控操作失败，可通过量取控制回路各点电位的方法，逐级分解确认失败原因。

监控后台遥控与调度端遥控操作，均需注意远方/就地操作把手、遥控连接片是否按要求投入，检查数据库中相关遥控配置是否正确，在客观条件允许并得到相关管理部门许可的情况下，做好安全措施后方可进行遥控操作。传动过程中，如发现遥控功能失效，但就地手控操作正常的情况，则可排除二次回路问题，重点结合控制报文检查通道情况、报文正确性、报文接收和发送情况等。

（4）开关量输出及遥控操作检测接线图。测控装置开关量输出检测可在监控后台实际模拟执行相应开出遥控，检查测控装置接收遥控命令后执行情况及一次设备动作情况是否与实际一致，接线如图 4-13 所示。

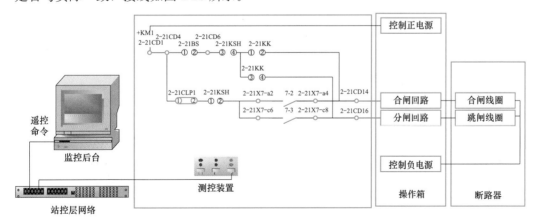

图 4-13　断路器遥控检查试验接线图

（5）测试步骤。

1）根据现场实际完成测控装置断路器遥控开出量相关属性配置。因遥控命令选择、返校需关联相应断路器位置遥信信息，需检查并试验断路器遥信位置信息无异常。

2）检查测控装置至站控层网络的网线接入是否正常，至监控后台的网络通信状态是否正常。

3）检查测控屏内断路器远方/就地把手切至"远方"位置。

4）检查断路器控制回路无控制回路断线等异常信号，断路器具备分合闸条件。

5）监控后台选择相应断路器，执行遥控命令。在监控后台或装置面板上对控制对象发出遥控命令，检测装置接收、选择、返校、执行遥控命令的正确性。检查测控装置接收控制命令是否正确，相应断路器分合闸是否正常。

6）在监控后台和装置面板上设置输出脉宽，并记录输出脉宽范围。检测遥控输出脉宽应与所设置的输出脉宽一致。

7）在监控后台检查装置完成执行控制命令后，返回控制信息的正确性，如操作记录、失败原因等。

8）当装置置检修状态时，在模拟监控后台发出遥控命令后，装置应闭锁正常遥控出口。

（6）测试注意事项。

1）测试时应保证无二次寄生回路，测试部分与运行设备隔离清楚。

2）应确保遥控分合闸的断路器处于检修状态，遥控分合闸期间断路器本体处无其他人员工作，防止因断路器分合闸造成人身伤害。

3）遥控试验时，应将站内运行一次设备远方/就地把手均切至"就地"位置，以免误遥控造成运行设备异常。

4）遥控试验过程中，应严格执行防误闭锁操作流程，必须保证在电气联锁条件下进行试验。

5）遥控试验前应检查相应遥控配置正确性，防止因配置错误造成误遥控。

6）遥控执行完成后应检查断路器实际位置与监控后台显示位置是否一致，记录相应数据及试验结果。

（7）测试记录。将测试结果记录入表 4-4。

表 4-4   开关量输出及遥控操作检测记录表

序号	后台执行开出量	测控接收遥控命令	一次设备动作情况	遥控命令输出脉宽	监控后台返回信息	就地状态遥控	检修状态遥控
1	开出1：断路器遥控						
2	开出2：隔离开关1遥控						
3	开出2：隔离开关2遥控						
4	开出2：隔离开关3遥控						

续表

序号	后台执行开出量	测控接收遥控命令	一次设备动作情况	遥控命令输出脉宽	监控后台返回信息	就地状态遥控	检修状态遥控
⋮	⋮						
n	开出 n						
试验人员							
试验日期							
试验结论							

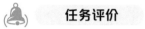 **任务评价**

\multicolumn{9}{c}{主变压器测控装置及二次回路试验任务评价表}

姓名		学号					
序号	评分项目	评分内容及要求	评分标准	扣分	得分	备注
1	预备工作（10分）	(1) 安全着装。 (2) 仪器仪表检查。 (3) 被试品检查	(1) 未按照规定着装，每处扣0.5分。 (2) 仪器仪表选择错误，每次扣1分；未检查扣1分。 (3) 被试品检查不充分，每处扣1分。 (4) 其他不符合条件，酌情扣分			
2	班前会（12分）	(1) 交待工作任务及任务分配。 (2) 危险点分析。 (3) 预控措施	(1) 未交待工作任务，每次扣2分。 (2) 未进行人员分工，每次扣1分。 (3) 未交待危险点，扣3分；交待不全，酌情扣分。 (4) 未交待预控措施，扣2分。 (5) 其他不符合条件，酌情扣分			
3	二次安全措施执行（8分）	(1) 运行设备遥控措施。 (2) 试验仪器接地	(1) 未按要求执行遥控安全措施，扣5分。 (2) 未给试验仪器做接地，扣3分。 (3) 其他不符合条件，酌情扣分			
4	主变压器温度检查（10分）	(1) 直流信号源输出直流信号，按照标准温度表进行折算。 (2) 测控装置相应系数配置检查。 (3) 监控系统温度检查	(1) 直流信号源操作不规范，扣2分；查表换算温度不正确，扣2分。 (2) 直流量测试误差计算不正确，扣4分。 (3) 监控后台温度显示不正确，扣2分			
5	主变压器挡位检查（10分）	(1) 挡位开入量电位检查。 (2) 测控装置相应参数设置检查。 (3) 监控后台挡位检查	(1) 挡位开入量电位检查不正确，扣4分。 (2) 测控装置相应参数设置不正确，扣4分。 (3) 监控后台挡位显示不正确，扣2分			

续表

序号	评分项目	评分内容及要求	评分标准	扣分	得分	备注
6	主变压器测控开关量输入输出检查（20分）	(1) 主变压器测控相应开关量电位检查。 (2) 开关量输出回路正确性检查。 (3) 遥控正确性检查	(1) 检查相应开入电位是否正常，是否与现场实际一致，若检查有误扣4分。 (2) 相应开入量变位，检查监控后台不正确，扣4分。 (3) 开关量输出回路正确性检查，包括遥控回路远方控制、连接片唯一性，不正确扣6分。 (4) 遥控正确性检查，包括检修状态下遥控执行情况，遥控失败监控系统相应状态，遥控命令脉宽测试不正确扣6分			
7	试验报告（15分）	完整填写试验报告	(1) 未填写试验报告，扣10分。 (2) 未对试验结果进行判断，扣5分。 (3) 试验报告填写不全，每处扣1分			
8	整理现场（5分）	恢复到初始状态	(1) 未整理现场，扣5分。 (2) 现场有遗漏，每处扣1分。 (3) 离开现场前未检查，扣2分。 (4) 其他情况，请酌情扣分			
9	综合素质（10分）	(1) 着装整齐，精神饱满。 (2) 现场组织有序，工作人员之间配合良好。 (3) 独立完成相关工作。 (4) 执行工作任务时，大声呼唱。 (5) 不违反电力安全规定及相关规程				
10	总分（100分）					

试验开始时间：   时   分   实际时间：
结束时间：   时   分   时   分

教师	

 任务扩展

完成测控装置交流输入量检验，包括交流工频输入量的幅值变化、相位变化、频率变化、波形畸变、不平衡电流、被测量超量限等试验。

学习与思考

（1）在现场试验时，如遇主变压器温度显示不正确，应如何检查并确定异常原因？

（2）在现场试验时，如遇主变压器挡位显示不正确，应如何检查并确定异常原因？

（3）说明断路器位置硬触点信号如何上送至监控后台，智能站与常规站有何不同。

任务二 智能变电站智能终端及二次回路的检验

👤 任务目标

本学习任务包括智能变电站基本结构、智能终端功能及回路等，通过对智能终端及二次回路的检验，培养学生熟悉回路原理及工程技术应用，重点突出专业技能以及职业核心能力培养。

⚗️ 任务描述

主要完成智能变电站智能终端及二次回路的检验，包括智能终端与保护装置通道检验、开入开出检验、动作延时检验、GOOSE 信息断链检查等 4 个步骤。以某智能变电站 PCS-222C-Ⅰ型智能终端及二次回路检验为例阐述检验过程。

智能变电站智能终端及二次回路的检验

⚛️ 知识准备

一、智能变电站基本结构

（1）智能变电站系统按功能分为过程层、间隔层、站控层三层。

1）过程层包含一次设备、智能终端、合并单元等智能组件，完成变电站电能分配、变换、传输及测量、控制、保护、计量、状态监测等相关功能。

智能变电站概述

2）间隔层设备一般指继电保护装置、测控装置，故障录波等二次设备，其功能是使用一个间隔的数据并且作用于该间隔一次设备，与各种远方输入输出（I/O）、智能传感器和控制器通信。

智能变电站过程层技术

3）站控层包含自动化系统、站域控制系统、通信系统、对时系统等子系统，实现面向全站或一个以上一次设备的测量和控制功能，完成数据采集和监视控制、操作闭锁以及同步相量采集、电能量采集、保护信息管理等相关功能。

（2）智能变电站网络分为站控层网络和过程层网络。

1）站控层网络连接站控层设备和间隔层设备，网络通信协议采用制造报文规范 MMS（manufacturing message specification）和 GOOSE（generic object oriented substation event）协议，主要传输监控系统的"四遥"（遥信、遥测、遥控和遥调）信息、联/闭锁信号和保护设备的事件、信号、控制命令、定值等。站控层网络设备包括站控层中心交换机和间隔交换机，间隔交换机与中心交换机一般通过光纤连成同一物理网络。站控层中心交换机连接数据通信网关机、监控主机、综合应用服务器、数据服务器等设备。间隔交换机连接间隔内的保护、测控和其他智能电子设备。

2）过程层网络一般包括 GOOSE 网和 SV（sampled value）网。GOOSE 是一种面向对象的变电站事件。在智能变电站应用中，GOOSE 可以简单理解为：用于实现开入开出功能。GOOSE 网用于传输间隔层设备和过程层设备之间的状态信息，包括跳合闸命令、告警信息、闭锁信号、控制命令等，正常工况下流量很小，故障情况或操作过程中突发流量比较大。GOOSE 网一般按电压等级配置，220kV 以上电压等级采用双网，保护装置与本间隔的智能终端之间通常采用 GOOSE 点对点通信方式，即直接跳闸。

在智能变电站应用中，SV 可以简单理解为：用于实现采样功能。SV 网用于传输间隔层和过程层设备之间的采样值，SV 为周期性数据，流量大且稳定，保护装置采用点对点的方式接入本间隔的 SV 数据，即直接采样，测控、故障录波等应用所需的 SV 数据一般采用网络方式传输。

基于三层两网的结构，智能变电站实现了全站信息数字化、通信平台网络化、信息共享标准化，自动完成信息采集、测量、控制、保护、计量和检测等基本功能，同时支持电网实时自动控制、智能调节、在线分析决策和协同互动等高级功能。智能变电站典型网络架构如图 4-14 所示。

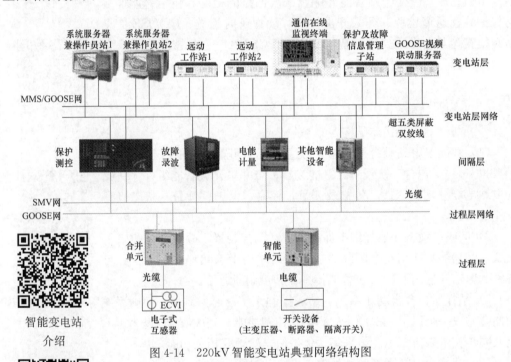

图 4-14　220kV 智能变电站典型网络结构图

智能变电站
介绍

智能终端装置
介绍

智能终端功能

与常规变电站相比，智能变电站能够完成比常规变电站范围更宽、层次更深、结构更复杂的信息采集和信息处理，变电站内、站与调度、站与站之间、站与大用户和分布式能源的互动能力更强，信息的交换和融合更方便快捷，控制手段更灵活可靠。

二、智能终端

过程层设备智能终端是实现一次设备状态量转换和一次设备控制的智能单元。用电缆和一次设备连接，采集一次设备的状态量，用光纤与二次设备连接传递保护装置跳合闸命令、测控装置遥控命令，具有传统操作箱功能和部分测控装置功能。有生产厂家习惯将智能终端命名为智能操作箱。本任务以 PCS-222C 型智能终端为例说明。

（一）智能终端功能

智能终端功能包括：

（1）具有开关量采集功能。

（2）具有开关量输出功能。

（3）具有断路器控制和操作箱功能。

（4）配置有足够数量的 GOOSE 网络接口，实现 GOOSE 报文的上传及接收功能。

（5）对于变压器本体，智能终端应具备常规变压器非电量保护功能。

（二）PCS-222C 智能操作箱

智能操作箱
举例

PCS-222C 智能操作箱是用于 110kV 及以下电压等级数字化变电站一次开关设备操作的智能终端。它支持实时 GOOSE 通信，通过与保护和测控等装置相配合能够实现对断路器、隔离开关的分合操作，同时能够就地采集断路器、隔离开关等一次设备的开关量信号。

与常规的操作箱不同，智能操作箱能够把保护和测控装置通过 GOOSE 网下发的分合闸命令转换成硬触点，通过自带的操作回路插件实现断路器的操作，同时能够就地采集断路器、隔离开关等一次设备的开关量信息并通过 GOOSE 网络上送给保护和测控装置。

1. 面板布置图

如图 4-15 所示为 PCS-222C 智能操作箱面板布置图，装置面板上运行指示灯用来反映装置及回路运行状态。

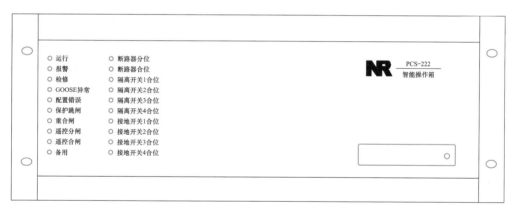

图 4-15　PCS-222C 智能操作箱面板布置图

"运行"灯为绿色，装置正常运行时点亮。

"报警"灯为黄色，当发生装置自检异常时点亮。

"检修"灯为黄色，当装置检修投入时点亮。

"GOOSE 异常"灯为黄色，当检测到 GOOSE 通讯异常时闪烁。

"配置错误"灯为黄色，当通信双方的 GOOSE 配置内容不一致时点亮。

"保护跳闸""重合闸"灯为红色，当装置收到保护跳、合闸命令而动作时点亮并保持，在"信号复归"后熄灭。

"遥控分闸""遥控合闸"灯为红色，当装置收到测控分、合闸命令而动作时点亮。

"断路器跳位"灯为绿色，"断路器合位"灯为红色，指示当前断路器位置。

"隔刀1合位""隔刀2合位""隔刀3合位""隔刀4合位""地刀1合位""地刀2合位""地刀3合位""地刀4合位"灯为红色，指示当前4把隔刀、4把地刀的位置。

2. 背板布置图

如图4-16所示为PCS-222C智能操作箱背板布置图，装置由电源插件NR1301、DSP插件NR1126、智能开入插件NR1504、智能开出插件NR1521和操作回路插件NR1531组成。

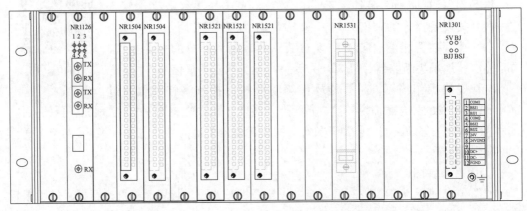

图4-16　PCS-222C智能操作箱背板布置图

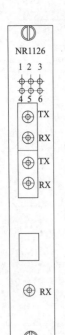

图4-17　GOOSE插件图

其中DSP插件NR1126也称GOOSE插件，主要实现装置管理、跳合闸逻辑、GOOSE通信、事件记录等功能。DSP插件通过CAN总线与装置内其他插件实现数据交换，通过RS-232总线实现显示和调试数据通信。插件有两组光纤以太网接口TX/RX，可以实现双网的实时GOOSE通信，负责与保护和测控装置进行数据交换，一方面接收保护和测控装置的GOOSE动作命令并进行解析处理，另一方面将开入插件采集到的一次设备状态量信号通过GOOSE报文传送给保护测控装置。

如图4-17所示，最上方的6个LED指示灯用于显示GOOSE通信状态。指示灯下方是两组光纤GOOSE网络接口，"TX"是发送端，"RX"是接收端，接头型号可选SC或ST型。GOOSE网口下方有一个开口，开口内侧有一个温湿度传感器，能够测量环境温度和湿度。最下方是一个光纤IRIG-B对时接口，采用常有光工作方式，ST型接头。

3. 输入输出端子定义图

图4-18所示端子定义图中定义了装置背部各插件端子的含义。

(1) 电源插件NR1301。电源输入范围为88VDC～264VDC，如图4-19所示电源插件的001～003端子为装置输出的闭锁和报警空触点，001端子为公共端，闭锁为动断触点，报警为动合触点。电源插件的004～006端子为另外一组闭锁和报警空触点。电源插件的007、008端子为24V电源

B01	B02	B03	B06	B10-B11	B13-B15
备用	NR1126B	备用	备用	备用	备用

B04 NR1504A		B05 NR1504A	
光耦电源监视	01	光耦电源监视	01
检修	02	接地开关1分位	02
复归	03	接地开关1合位	03
KKJ	04	接地开关2分位	04
TWJ	05	接地开关2合位	05
HWJ	06	接地开关3分位	06
备用	07	接地开关3合位	07
	08		08
跳压低	09	接地开关4分位	09
合压低	10	接地开关4合位	10
断路器分位	11	开入27	11
断路器合位	12	开入28	12
隔离开关1分位	13	开入29	13
隔离开关1合位	14	开入30	14
	15		15
隔离开关2分位	16	开入31	16
隔离开关2合位	17	开入32	17
隔离开关3分位	18	开入33	18
隔离开关3合位	19	开入34	19
隔离开关4分位	20	开入35	20
隔离开关4合位	21	开入36	21
COM−	22	COM−	22

B07 NR1521A		B08 NR1521A		B09 NR1521A	
TJQ+	01	隔离开关2遥合+	01	接地开关4遥分+	01
TJQ−	02	隔离开关2遥合−	02	接地开关4遥分−	02
TJQ'+	03	隔离开关3遥分+	03	接地开关4遥合+	03
TJQ'−	04	隔离开关3遥分−	04	接地开关4遥合−	04
TJR+	05	隔离开关3遥合+	05	隔离开关1联锁+	05
TJR−	06	隔离开关3遥合−	06	隔离开关1联锁−	06
TJR'+	07	隔离开关4遥分+	07	隔离开关2联锁+	07
TJR'−	08	隔离开关4遥分−	08	隔离开关2联锁−	08
重合闸+	09	隔离开关4遥合+	09	隔离开关3联锁+	09
重合闸−	10	隔离开关4遥合−	10	隔离开关3联锁−	10
重合闸'+	11	接地开关1遥分+	11	隔离开关4联锁+	11
重合闸'−	12	接地开关1遥分−	12	隔离开关4联锁−	12
断路器遥分+	13	接地开关1遥合+	13	接地开关1联锁+	13
断路器遥分−	14	接地开关1遥合−	14	接地开关1联锁−	14
断路器遥合+	15	接地开关2遥分+	15	接地开关2联锁+	15
断路器遥合−	16	接地开关2遥分−	16	接地开关2联锁−	16
隔离开关1遥分+	17	接地开关2遥合+	17	接地开关3联锁+	17
隔离开关1遥分−	18	接地开关2遥合−	18	接地开关3联锁−	18
隔离开关1遥合+	19	接地开关3遥分+	19	接地开关4联锁+	19
隔离开关1遥合−	20	接地开关3遥分−	20	接地开关4联锁−	20
隔离开关2遥分+	21	接地开关3遥合+	21		21
隔离开关2遥分−	22	接地开关3遥合−	22		22

B12 NR1531A操作回路				
KKJ TWJ1 COM	02	电源+	01	公共
HWJ1 COM	04	TWJ2HWJ2 COM	03	
TWJ3 COM	06	中央信号COM	05	
	08		07	
气压低	10	电源-	09	操作回路
手合	12	合闸线圈	11	
手跳	14	跳位监视-	13	
保护跳闸输入	16	合位监视-	15	
重合闸	18	跳闸线圈	17	
TWJ-1	20	KKJ	19	跳位合位
HWJ-2	22	HWJ-1	21	
TWJ-2	24	TWJ-3	23	
HWJ	26	TYJ	25	中央信号
TWJ	28	HYJ	27	
跳压低入	30	合压低入	29	操作回路

B00 NR1301A	
COM1	01
BSJ1	02
BJJ1	03
COM2	04
BSJ2	05
BJJ2	06
24V+	07
24V−	08
	09
DC+	10
DC−	11
大地	12

图 4-18　通用装置端子定义图

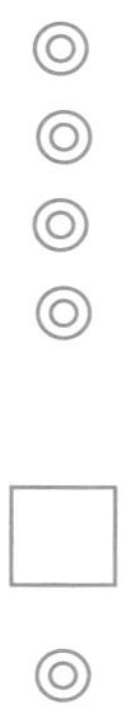

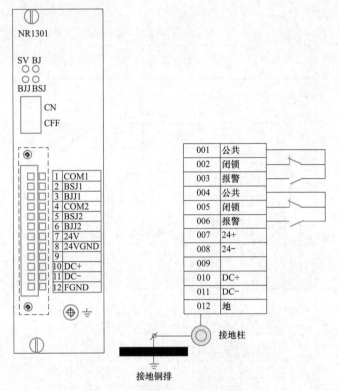

图 4-19　电源插件端子定义图

输出端子。电源插件的 010、011 端子为电源输入端子，其中 010 为 DC＋，011 为 DC－。输入电源的额定电压为直流 220V 和 110V，电源插件提供 012 端子和接地柱用于装置接地。应将 012 端子接至接地柱然后通过专用接地线接至屏柜的接地铜排。良好接地是装置抗电磁干扰最重要的措施，因此装置投入使用前一定要确保装置良好接地。

（2）开入插件 NR1504。两个开入插件实现 36 路开入，就地采集间隔内所有的开关量信号，例如断路器位置、隔离开关位置以及断路器本体信号（含重合闸压力低）在内的一次设备的状态量信号，通过内部 CAN 总线送给 DSP 插件，然后通过 GOOSE 网上送给保护和测控装置，省去大量长距离的电缆。

如图 4-20 所示，光耦电源为装置电源，用作正常运行开关量的供电电源，其正端接外部无源开入触点的一端，电源正直接接入 401 端子监视装置电源是否正常，电源负与 422 端子直接相连。401 端子定义为光耦电源监视开入，状态为"1"，表示装置光耦电源正常，状态为"0"，表示装置光耦电源异常。402 端子是投检修输入，一般在屏上装设"投检修态"连接片，在装置检修时，将该连接片投上，在此期间进行试验的动作报告带有检修标志；运行时应将该连接片退出。

智能操作箱的检修开入同时具有一个很重要的作用，在检修时可以根据需要禁止或允许出口动作，说明如下：①正常运行时，保护和智能操作箱的检修连接片都不投，双方的检修状态相同，此时智能操作箱的出口是允许的；②当单独检修保护装置或智能操作箱时，双方的检修状态是不同的，此时智能操作箱的出口是禁止的，以免导致一次设备误动；③当保护装置和智能操作箱一起做传动试验时，双方的检修连接片均投入，此

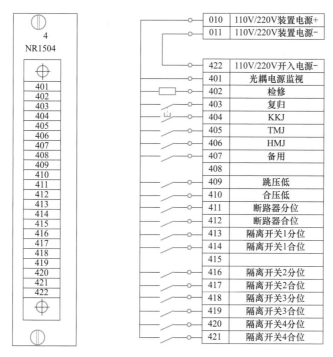

图 4-20　智能开入插件 1 背板端子及外部接线图

时双方的检修状态相同，智能操作箱的出口也是允许的。只有在保护和智能操作箱的检修状态相同时，智能操作箱的出口才允许动作。

403 端子是信号复归输入，用于复归装置面板的跳、合闸 LED 指示灯，一般在屏上装设信号复归按钮。404 端子是 KKJ 输入，取自于操作回路插件输出的合后 KK 位置信号，送给保护装置。405 和 406 端子是跳位和合位监视输入，分别取自于操作回路插件输出的 TWJ 和 HWJ 信号，送给保护装置。409 和 410 端子是跳闸压力低和合闸压力低输入，分别取自于操作回路插件输出的 TYJ 和 HYJ 信号，送给保护装置。411 和 412 端子是取自断路器辅助触点的分位和合位监视输入，送给测控装置作事件记录。413～421 端子分别用于取 4 组隔离开关辅助触点的分位和合位监视输入，送给母线保护或测控装置。

（3）智能开出插件 NR1521。智能开出插件主要完成将 GOOSE 命令转换成硬触点输出给操作回路插件。智能开出插件提供 33 路无源空触点开出，它们通过内部 CAN 总线接收 DSP 插件送来的动作命令，即接收保护、测控装置发来的各种 GOOSE 命令，包括断路器分合闸、隔离开关的分合闸及闭锁控制命令，然后驱动相应的出口继电器动作，把 GOOSE 命令转换成硬触点输出。

输出信号包括：端子 701-702、703-704 是不闭锁重合闸的保护三跳，即 TJQ1、TJQ2；端子 705-706、707-708 是闭锁重合闸但启动失灵的保护三跳，即 TJR1、TJR2；端子 709-710、711-712 是保护重合闸，即重合闸 1、重合闸 2。

以上每种类型的断路器跳、合闸出口均给出了完全相同的两对触点，它们在装置内部是由同一个信号驱动的，其中一对触点接至操作回路插件以驱动相应的跳、合闸回路，另一对触点可引至本装置的开入端，用作返校触点，即把它当作开入量采集，并通过 GOOSE 上送给测控装置和后台，以便运行人员检查智能操作箱的出口是否正确动作。

余下的端子均为遥控输出触点，包括断路器的遥控分、合闸，以及4组隔离开关、4组接地隔离开关的遥控分、合和闭锁出口触点，另外还有4对冗余出口。

NR1531B操作回路				
KKJ TWJ1 COM	02	电源+	01	公共
HWJ1 COM	04	TWJ 2HWJ2 COM	03	
TWJ3 COM	06	中央信号 COM	05	
	08		07	
气压低	10	电源-	09	
手合	12	合闸线圈	11	操作回路
手跳	14	跳位监视-	13	
保护跳闸输入	16	合位监视-	15	
重合闸	18	跳闸线圈	17	
TWJ-1	20	KKJ	19	跳位合位
HWJ-2	22	HWJ-1	21	
TWJ-2	24	TWJ-3	23	
HWJ	26	TYJ	25	中央信号
TWJ	28	HYJ	27	
跳压低入	30	合压低入	29	操作回路

图4-21 操作箱背板端子定义图

数字式测试仪功能及使用方法介绍

（4）操作回路插件 NR1531。断路器操作回路插件，具有跳、合闸电流自保持功能，能够直接动作于断路器实现跳、合闸；同时实现跳、合位监视功能，跳、合闸压力闭锁功能，以及防跳功能。操作箱背板端子定义如图4-21所示。

装置开入部分直接由操作回路引入合后位置KK、跳闸位置 TWJ 和合闸位置 HWJ、合闸压力HYJ 和跳闸压力 TYJ。NR1531 操作回路插件原理如图4-22所示。图中 KKJ 为磁保持继电器，合闸时该继电器动作并磁保持，仅手跳该继电器才复归，保护动作或断路器偷跳该继电器不复归，因此其输出触点为合后 KK 位置触点。用装置的操作回路，不需要从 KK 把手取合后 KK 位置，适应无控制屏的无人值守变电站的要求。

三、光数字继电保护测试仪

为适应由常规变电站到智能变电站的转变，在传统测试仪的基础上，各厂家研发出了适应智能变电站保护测试需求的光数字继电保护测试仪，测试仪将电压、电流量按照 IEC 61850 协议打包并实时传送到被测设备，被测对象的动作信号通过硬触点或 GOOSE 报文反馈给测试仪，实现保护装置、智能终端等智能二次设备的闭环。

光数字继电保护测试仪与传统测试仪的区别主要体现在以下几点。

（1）信号输出方式不同。传统测试仪以模拟量方式输出电压、电流信号，需配置大功率输出单元，而光数字继电保护测试仪以数字量方式输出电压、电流信号，经过 CPU 照规定格式组成报文发送，无须大功率输出，因而体积小、质量轻。

（2）参数配置不同。传统测试仪只需配置试验参数，而光数字继电保护测试仪由于被测保护置二次回路集成于全站系统配置文件（substation configuration description，SCD）文件中，测试仪在配置试验参数前，需先读取 SCD 配置文件，配置 SV、GOOSE 模块参数及端口参数。

（3）测试功能不同。智能变电站继电保护试验装置主要测试功能包括：基本功能测试、专用功能测试。其中基本功能测试增加了网络及报文异常测试，主要针对智能变电站中 SV 报文和 GOOSE 报文的异常情况进行模拟；而专用功能测试则为传统测试所具有的继电保护测试功能。

如图4-23所示的 DM5000E 数字式继电保护测试仪是一种便携式手持光数字继电保

护测试仪。如图 4-24 所示的 PNI302 数字式测试仪是一种合并单元专项测试仪，可对电子式互感器输入、电磁型互感器输入、电子式及电磁型互感器混合输入的合并单元进行全面而有效的测试。

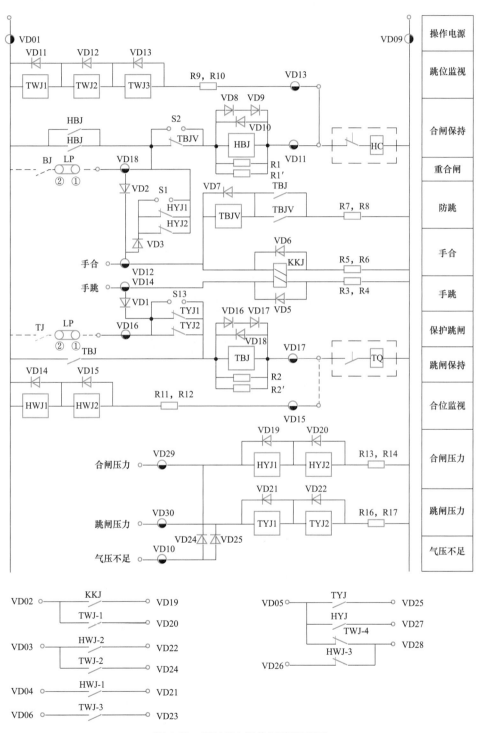

图 4-22　NR1531 操作回路原理图

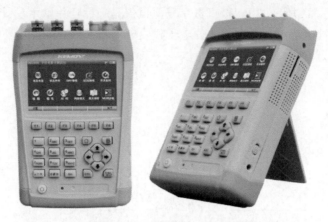

图 4-23　DM5000E 数字式继电保护测试仪外观图

图 4-24　PNI302 数字式合并单元测试仪外观图

四、危险点分析及防范措施

危险点分析及防范措施见表 4-5。

表 4-5　　　　　　　　　　　　　危险点分析及防范措施

序号	防范类型	危险点	预控措施
1	人身触电	安全隔离	工作前应在危险区域设置明显的警示标识，带电设备外壳应可靠接地
		接、拆低压电源	必须使用装有过电流动作保护装置的电源盘
			螺丝刀等工具金属裸露部分除刀口外包绝缘
			接、拆电源线时至少由两人执行，必须在电源开关拉开的情况下进行
2	机械伤害	落物打击	进入工作现场必须戴安全帽

序号	防范类型	危险点	预控措施
3	防运行设备误动	如果是在运行站工作或站内部分带电运行，误发报文造成装置误动	工作负责人检查、核对试验接线正确，二次隔离措施到位并确认后，下令可以开始工作后，工作班方可开始工作
			测试中需要测试仪向装置组网口发送报文时，应拔出装置组网口光纤，直接与测试仪连接，不应用测试仪通过运行的过程层网络向装置发送报文，以防止误跳运行设备
4	防止设备损坏	检修、施工过程中，保护或控制等的操作造成一次设备损坏	保护或监控调试时应断开与一次设备的控制回路，传动一次设备时必须与相关负责人员确认设备可被操作
		工作中恢复接线错误，造成设备不正常工作	施工过程中拆接回路线，要有书面记录，恢复接线正确，严禁改动回路接线
		工作中误短拉端子造成运行设备误跳闸或工作异常	短接端子时应仔细核对屏号、端子号，严禁在有红色标记的端子上进行任何工作
		工作中试验电源与试验仪器要求不符导致设备损坏	用万用表对试验电源进行检查，确认电源电压等级和电源类型无误后，由继电保护人员接取，应采用带有漏电保护的电源盘并在使用前测试过电流动作保护装置是否正常
5	其他		工作前，必须具备与现场设备一致的图纸
			禁止带电插、拔插件

📚 工具及材料准备

本任务以某智能变电站 110kV 线路 PCS-222C 型智能终端及二次回路的检验为例，需要准备的工具及材料如下。

（1）便携式报文分析仪，1 台。

（2）DM5000E 数字式继电保护测试仪，1 台。

（3）万用表，1 台。

（4）尾纤，若干。

（5）工具箱 1 个。

（6）对讲机数只。

👤 人员准备

（1）教师及学生应着长袖棉质工装，佩戴安全帽。

（2）每 4～5 名学生分为一组，各组学生轮流开展实操。

💡 场地准备

（1）实训现场应配备合格、充足的安全工器具，并正确使用。

（2）实训现场应具备明显的应急疏散标识。

（3）检修试验时要在工作地点四周装设围栏。

任务实施

本任务以某智能变电站 110kV 线路 PCS-222C 型智能终端及二次回路的检验为例。

1. 光纤链路检查。

（1）发送光功率检验。用一根尾纤（衰耗小于 0.5dBm）连接智能终端的发送端口

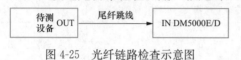

图 4-25　光纤链路检查示意图

（TX）和光数字继电保护测试仪 DM5000E 的光以太网口，如图 4-25 所示，读取光功率值（dBm）即为该口的发送光功率。检查保护装置光口功率应满足要求：光波长 1310nm 光接口发送功率−20dBm 到−14dBm；光波长 850nm 光接口发送功率−19dB 到−10dB（百兆口）和−9.5dBm 到−3dBm（千兆口）。

将图 4-26 中智能终端背板光纤端子 TX1 尾纤拔下，插入图 4-27 中 DM5000 光数字继电保护测试仪的光以太网口 1 中，此时报文分析仪界面显示的测试结果如图 4-28 所示，测得智能终端至线路交换机组网接收功率实时值−17.63dBm，满足在波长 1310nm 的多模光纤发送功率−20dBm 到−14dBm 的标准。

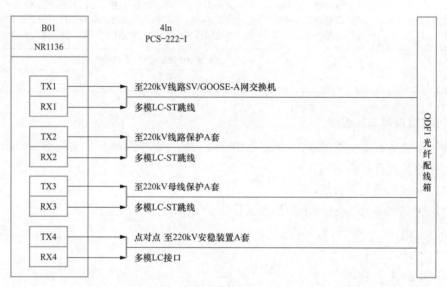

图 4-26　智能终端背板插件光纤接线图

（2）接收光功率检验。智能终端背板光纤端子 RX1 尾纤拔下，接至 DM5000 光数字继电保护测试仪光以太网口，读取光功率值（dB）即为该接口的接收光功率。光波长 1310nm 光接口应满足光接收灵敏度为−31～−14dBm；光波长 850nm 光接口应满足光接收灵敏度为−24～−10dBm。接收端口的接收光功率减去其标称的接收灵敏度即为该端口的光功率裕度，一般不应低于 3dB。

（3）填写光纤链路检查记录，见表 4-6。

2. GOOSE 开入/开出检查

（1）GOOSE 开入检查。根据智能终端的配置文件对光数字式继电保护测试仪进行配置，将测试仪的 GOOSE 输出连接到智能终端的输入口，将智能终端的输出触点从操

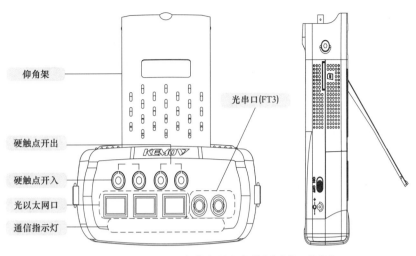

图 4-27 DM5000E 光数字继电保护测试仪面板图

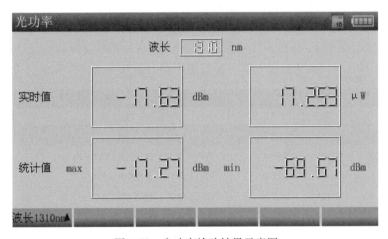

图 4-28 光功率检验结果示意图

表 4-6 光纤链路检查记录表

序号	发送光功率检验结果	接收光功率检验结果	结论	试验人员	试验日期
1	光波长 1310nm 光接口	光波长 1310nm 光接口			
2	光波长 850nm 光接口	光波长 850nm 光接口			

作回路中拆离出来形成空触点，接至测试仪，如图 4-29 所示。启动测试仪，模拟某一 GOOSE 开关量变位，检查该 GOOSE 变量所对应的智能终端输出硬触点是否闭合，模拟该 GOOSE 开关量复归，检查该 GOOSE 开关量是否复归，检查对应的输出硬触点是否复归。用上述方法依次检查智能终端所有 GOOSE 开入与硬触点输出的对应关系全部正确。

图 4-29 GOOSE 开入检查示意图

以 DM5000 模拟保护装置保护动作，测试相关 GOOSE 开入为例，步骤如下：

1）DM5000 光以太网口通过光纤接到智能终端 GOOSETX2/RX2 至线路保护保护接收口上，DM5000 的硬触点 DI 口通过两根短接线接到智能终端的跳闸出口的公共端，如图 4-30 所示。

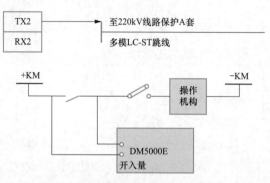

图 4-30　GOOSE 开入检查接线图

2）导入 SCD 后按 F1 键进入设置界面，按 F2 键导入 IED 设备后从 IED 列表找到智能终端控制块 IL1101A 110kV 线路 1 第一套智能终端 JFZ600 控制块，如图 4-31 所示。

No.	名字	厂家	描述
1	IL1101A	SiFang	110kV线路1第一套智能终端JFZ600
2	ML1101A	SiFang	110kV线路1第一套合并单元CSN-15B
3	ML1102A	SiFang	110kV线路2第一套合并单元CSN-15B
4	PM1101A	SF	110kV母线第一套保护CSC150E
5	MM1101A	SiFang	110kV母线第一套合并单元CSN-15B
6	PL1101A	SF	110kV线路1第一套保护CSC163AE

全站配置-IED列表 / 查找

图 4-31　开入检查 IED 选择列表

3）按 Enter 键确认，进入 IED 内容，可以看到当前智能终端的光纤连接关系，按 F4 键（下一连线）后连接线变成绿色，如图 4-32 所示。

4）找到 GOOSE 0x1001 即线路保护发给智能终端控制块，按 F5 键（虚端子图），第 1 通道为跳闸出口通道，如图 4-33 所示。

5）按 Esc 键返回 IED 内容，按 F6 键（导入本 IED）选择"作为被测试对象导入"，如图 4-34 所示。

6）按 F1 键选择基本设置选择 GOOSE 发送设置，进入 GOOSE 发送页面，找到线路第一套保护，如图 4-35 所示。

7）按 Enter 键进入 GOOSE 发送控制块参数，按 F1 键进入（控｜通），选择"通"，进入 GOOSE 发送通道参数，如图 4-36 所示。

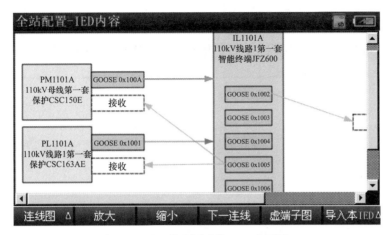

图 4-32　开入检查测试仪 IED 配置图一

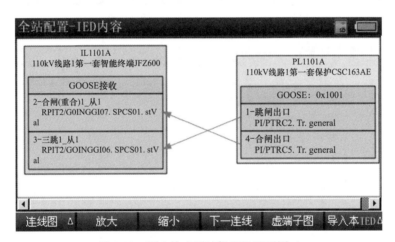

图 4-33　开入检查测试仪 IED 配置图二

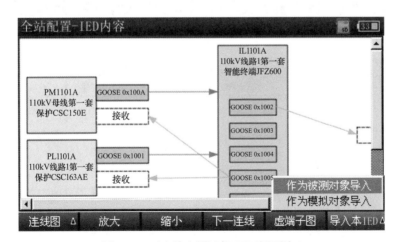

图 4-34　开入检查测试仪 IED 配置图三

8）移动光标到第一通道映射栏，按确认键，选择映射到 DO，如图 4-37 所示。

9）返回至初始页面找到智能终端模块，按确认键，输入密码"654321"后进入智能终端模块，如图 4-38 所示。

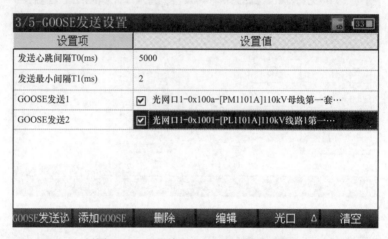

图 4-35　开入检查 GOOSE 发送设置图

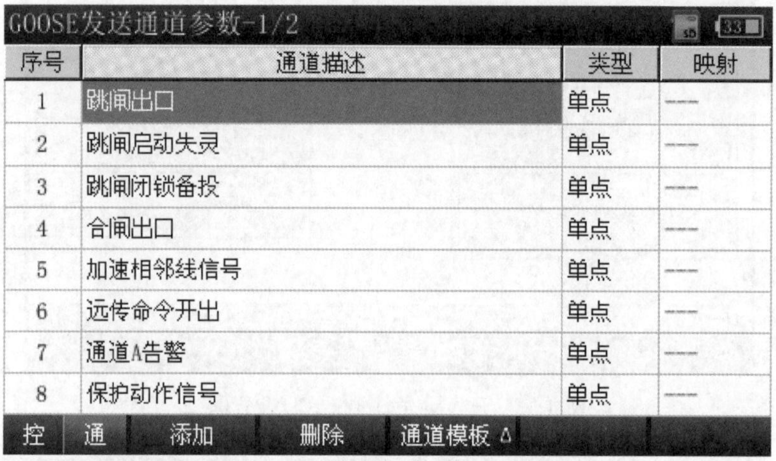

序号	通道描述	类型	映射
1	跳闸出口	单点	——
2	跳闸启动失灵	单点	——
3	跳闸闭锁备投	单点	——
4	合闸出口	单点	——
5	加速相邻线信号	单点	——
6	远传命令开出	单点	——
7	通道A告警	单点	——
8	保护动作信号	单点	——

控　通　　添加　　　删除　　　通道模板 △

图 4-36　开入检查 GOOSE 发送通道参数

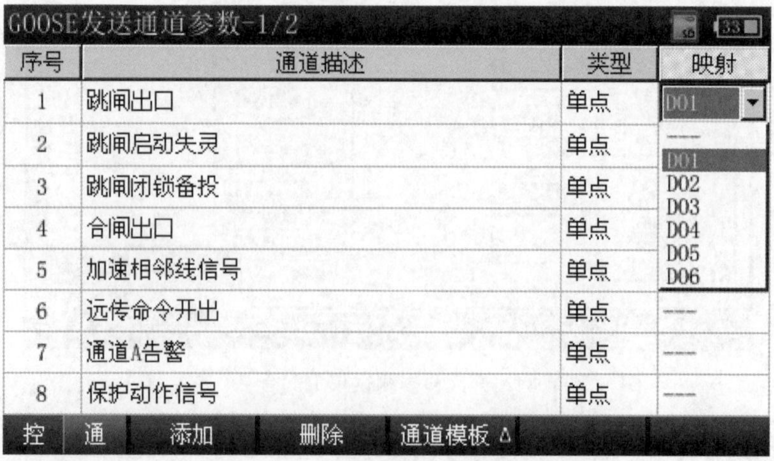

序号	通道描述	类型	映射
1	跳闸出口	单点	DO1 ▼
2	跳闸启动失灵	单点	——
3	跳闸闭锁备投	单点	DO1
4	合闸出口	单点	D02 / D03
5	加速相邻线信号	单点	D04
6	远传命令开出	单点	D05 / D06
7	通道A告警	单点	——
8	保护动作信号	单点	——

控　通　　添加　　　删除　　　通道模板 △

图 4-37　开入检查映射设置图

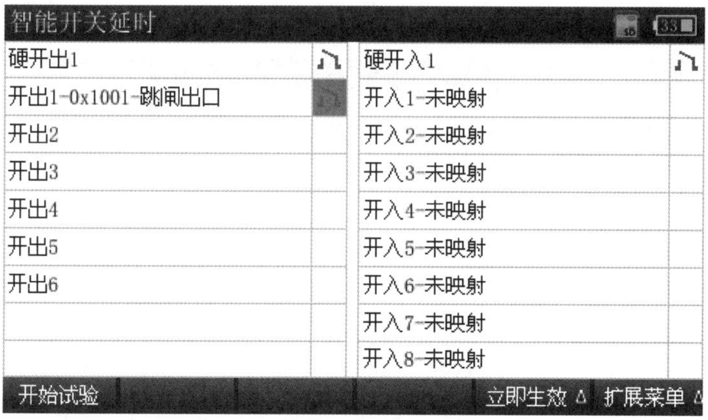

图 4-38　开入检查智能终端模块界面

10）按 F1 键（开始试验），会有 6s 的等待 GOOSE 心跳报文，如图 4-39 所示。

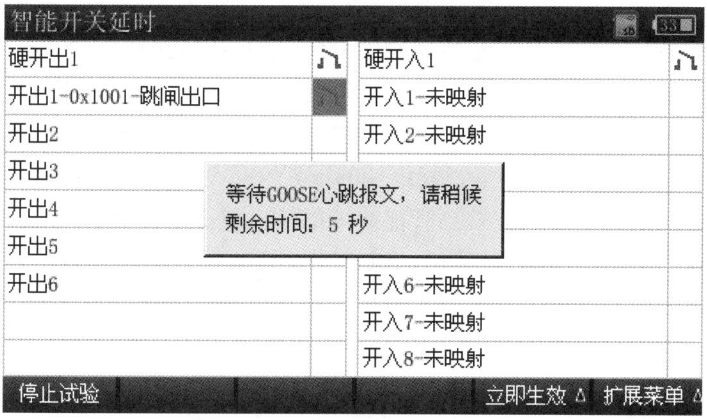

图 4-39　等待 GOOSE 心跳报文（开入检查）

11）等待心跳报文时间过去后移动光标到开出 1-0x1001-跳闸出口，按 Enter 键开出 GOOSE 跳闸信号，会看到 GOOSE 跳闸出口及硬开入由 OFF 变为 ON，按 F1 键停止试验，如图 4-40 所示。

图 4-40　智能开关试验

12) 停止试验后会显示试验结果，如图 4-41 所示。

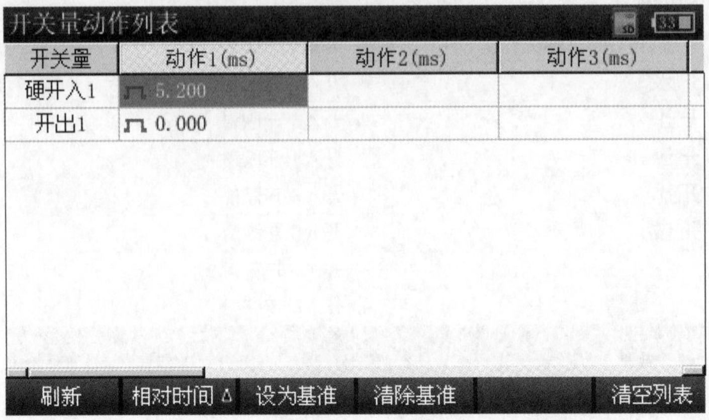

开关量	动作1(ms)	动作2(ms)	动作3(ms)
硬开入1	⊓ 5.200		
开出1	⊓ 0.000		

刷新　相对时间△　设为基准　清除基准　　　清空列表

图 4-41　开入检查试验结果

由试验结果可知在 0.000 时刻开出 GOOSE 信号，在 5.200ms 时刻开入硬触点信号。可得出智能终端 GOOSE 信号转换硬触点信号的时间延时为 5.200ms。模拟智能终端跳闸出口，记录自收到 GOOSE 命令到出口继电器触点动作的时间，不应大于 5ms，当前智能终端 GOOSE 信号转换硬触点信号的时间延时不符合该标准要求。

(2) GOOSE 开出检查。根据智能终端的配置文件对数字化继电保护测试仪进行配置，将测试仪的 GOOSE 输入连接到智能终端的输出口 RX1，智能终端的输入触点接至测试仪，如图 4-27 所示。启动测试仪，模拟某一开关量硬触点闭合，检查该开关量所对应的智能终端输出 GOOSE 变量是否变位，模拟该开关量硬触点复归，检查对应的智能终端输出 GOOSE 变量是否复归。用上述方法依次检查智能终端所有硬触点输入与 GOOSE 开出的对应的关系全部正确。

以智能终端模拟"断路器 A 相合位"为例，测试步骤如下：

1) DM5000 的硬触点口 DO 口通过短接线连接到智能终端端子排位置上送入口 41GD1 和 41Q2D2 处，如图 4-42 所示。DM5000 的光网口 1 通过光纤连接到智能终端 GOOSE 上送出口 TX1/RX1 至线路交换机处，如图 4-43 所示。

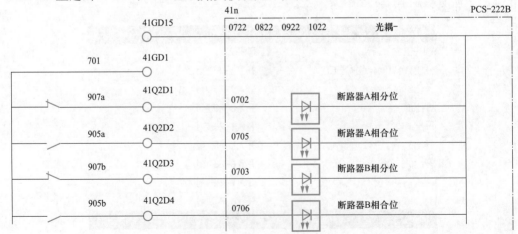

图 4-42　智能终端遥信触点图

图 4-43　智能终端 GOOSE 端子图

2）导入 SCD 后按 F1 键进入设置界面，按 F2 键导入 IED 设备后从 IED 列表找到智能终端控制块 IL1101A 110kV 线路 1 第一套智能终端 JFZ600 控制块，如图 4-44 所示。

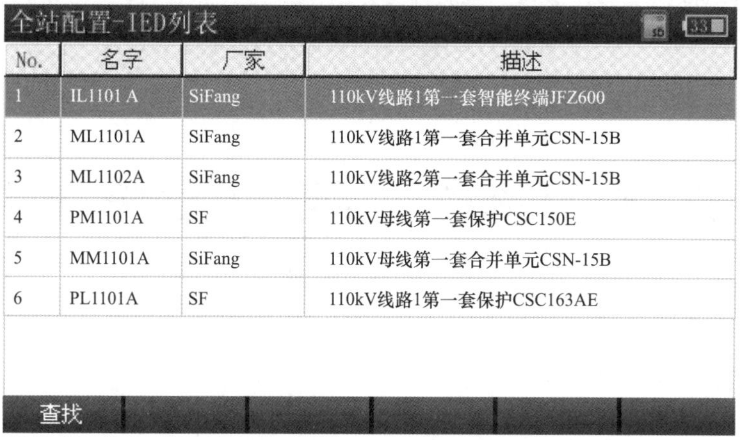

No.	名字	厂家	描述
1	IL1101A	SiFang	110kV线路1第一套智能终端JFZ600
2	ML1101A	SiFang	110kV线路1第一套合并单元CSN-15B
3	ML1102A	SiFang	110kV线路2第一套合并单元CSN-15B
4	PM1101A	SF	110kV母线第一套保护CSC150E
5	MM1101A	SiFang	110kV母线第一套合并单元CSN-15B
6	PL1101A	SF	110kV线路1第一套保护CSC163AE

全站配置-IED列表

查找

图 4-44　开出检查 IED 选择列表

3）按 Enter 键确认，进入 IED 内容，可以看到当前智能终端的光纤连接关系，按 F4 键（下一连线）后连接线变成绿色，如图 4-45 所示。

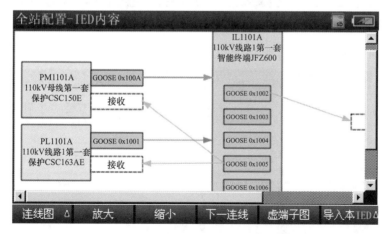

图 4-45　开出检查测试仪 IED 内容配置一

4）找到 GOOSE 0x1005 即智能终端发给线路保护的控制块，按 F5 键（虚端子图），找到断路器上送通道，如图 4-46 所示。

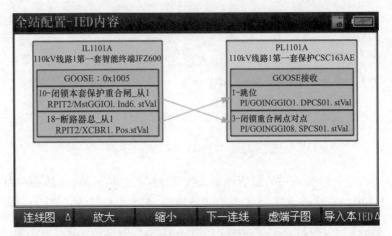

图 4-46　开出检查测试仪 IED 内容配置二

5）按 Esc 键返回 IED 内容，按 F6 键（导入本 IED）选择作为"作为被测试对象导入"，如图 4-47 所示，按返回至设置界面。

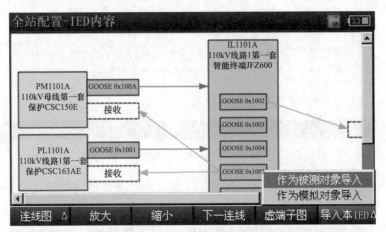

图 4-47　开出检查虚端子图

6）返回至初始设置页面，按 F1 键（基本设置）找到 GOOSE 接收，如图 4-48 所示。

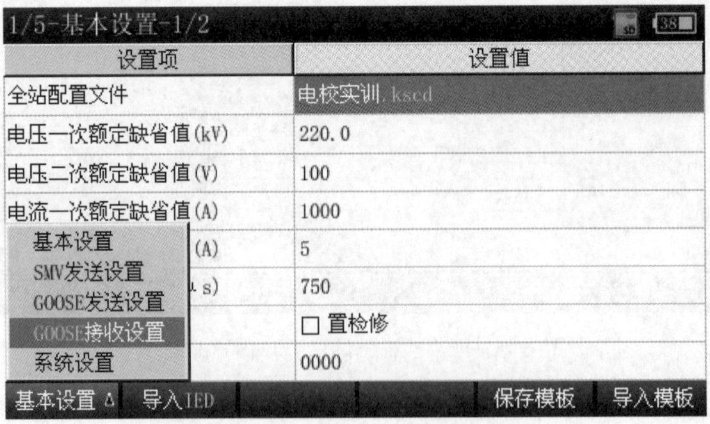

1/5-基本设置-1/2		sb 38
设置项	设置值	
全站配置文件	电校实训.kscd	
电压一次额定缺省值(kV)	220.0	
电压二次额定缺省值(V)	100	
电流一次额定缺省值(A)	1000	
基本设置 (A)	5	
SMV发送设置 μs)	750	
GOOSE发送设置	□ 置检修	
GOOSE接收设置		
系统设置	0000	
基本设置 △　导入IED	保存模板	导入模板

图 4-48　开出检查 GOOSE 接收设置

7）按确认键进入 GOOSE 接收设置，移动光标找到线路第一套智能终端，按 F4 键（通道列表）进入 GOOSE 接收通道选择，找到断路器总位置通道移动光标选择映射到 DI1，如图 4-49、图 4-50 所示。

图 4-49　开出检查 GOOSE 接收设置

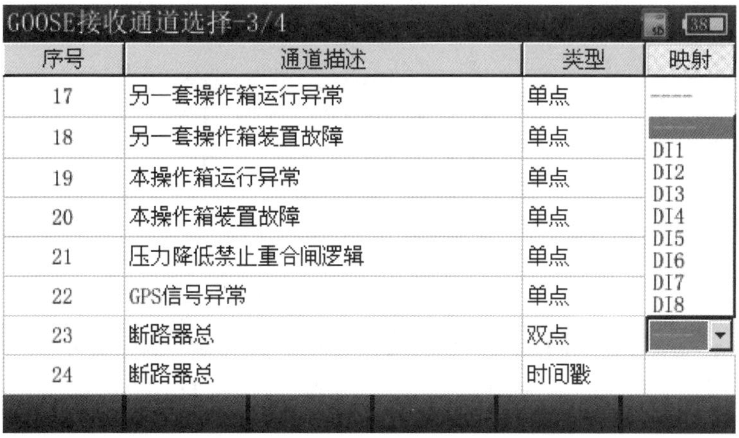

图 4-50　开出检查 GOOSE 接收映射

8）映射好之后返回到初始页面，移动光标选择智能终端模块，按确认键，输入密码"654321"后进入智能终端模块，如图 4-51 所示。

9）按 F1 键（开始试验），会有 6s 的等待 GOOSE 心跳报文，如图 4-52 所示。

10）等 GOOSE 心跳报文时间过了之后，移动光标，选择硬开出 1，按 Enter 键，当开入 1-0x1002 断路器总位置变位后，按 F1 键停止试验，如图 4-53 所示。停止试验后会出现开关动作列表，如图 4-54 所示。

11）根据试验结果可知在 0.000 时刻硬开出 1 发生变位，在 4.810ms 时刻 DI1 发生变位，可知智能终端收到硬触点信号后经过 4.810ms 发出 GOOSE 报文。装置从开入变位到相应 GOOSE 信号发出（不含防抖时间）的时间延时不应大于 5ms，即当前智能终端符合标准。

（3）填写智能终端 GOOSE 开入/开出检查记录表，见表 4-7。

图 4-51　开出检查智能终端界面

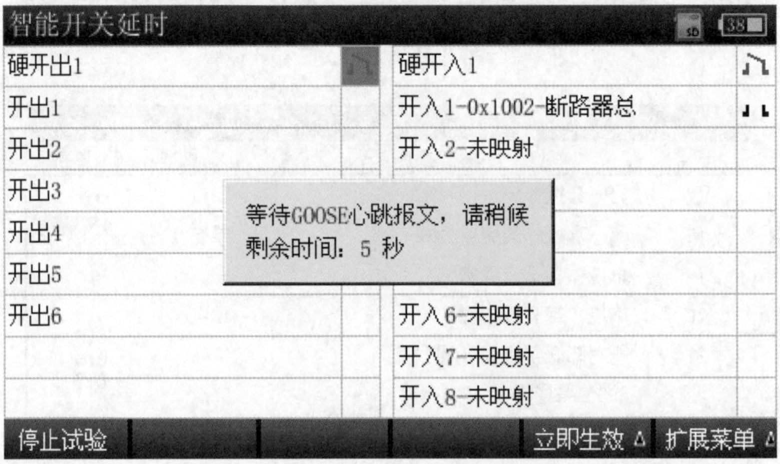

图 4-52　等待 GOOSE 心跳报文（开出检查）

图 4-53　开出检查试验界面

图 4-54 开出试验开关动作列表

表 4-7 智能终端 GOOSE 开入/开出检查记录表

序号	GOOSE 开入检查结果	GOOS 开出检查结果	结论	试验人员	试验日期
第一路	GOOSE 信号转换硬触点信号的时间	从开入变位到相应 GOOSE 信号发出的时间			
第二路	GOOSE 信号转换硬触点信号的时间	从开入变位到相应 GOOSE 信号发出的时间			
第三路	GOOSE 信号转换硬触点信号的时间	从开入变位到相应 GOOSE 信号发出的时间			
第四路	GOOSE 信号转换硬触点信号的时间	从开入变位到相应 GOOSE 信号发出的时间			
第五路	GOOSE 信号转换硬触点信号的时间	从开入变位到相应 GOOSE 信号发出的时间			
第六路	GOOSE 信号转换硬触点信号的时间	从开入变位到相应 GOOSE 信号发出的时间			

任务评价

智能终端检验任务评价表						
姓名		学号				
序号	评分项目	评分内容及要求	评分标准	扣分	得分	备注
1	预备工作 （10分）	（1）安全着装。 （2）仪器仪表检查。 （3）被试品检查	（1）未按照规定着装，每处扣0.5分。 （2）仪器仪表选择错误，每次扣1分；未检查扣1分。 （3）被试品检查不充分，每处扣1分。 （4）其他不符合条件，酌情扣分			
2	班前会 （12分）	（1）交待工作任务及任务分配。 （2）危险点分析。 （3）预控措施	（1）未交待工作任务，每次扣2分。 （2）未进行人员分工，每次扣1分。 （3）未交待危险点，扣3分；交待不全，酌情扣分。 （4）未交待预控措施，扣2分。 （5）其他不符合条件，酌情扣分			
3	光功率测试 （8分）	（1）选择光纤跳线。 （2）正确测试	（1）未正确选择光纤跳线，扣3分。 （2）未正确测试，扣5分。 （3）其他不符合条件，酌情扣分			
4	动作延时测试 （10分）	（1）正确完成接线。 （2）正确使用仪器	（1）未正确将测试仪与智能终端连接，扣5分。 （2）未正确使用测试仪并完成试验，扣5分。 （3）其他不符合条件，酌情扣分			
5	GOOSE开入 检查（10分）	（1）正确完成接线。 （2）正确使用仪器	（1）未正确将测试仪与智能终端连接，扣5分。 （2）未正确使用测试仪并完成试验，扣5分。 （3）其他不符合条件，酌情扣分			
6	GOOSE开出 检查（10分）	（1）正确完成接线。 （2）正确使用仪器	（1）未正确将测试仪与智能终端连接，扣5分。 （2）未正确使用测试仪并完成试验，扣5分。 （3）其他不符合条件，酌情扣分			
7	GOOSE链路 检查（10分）	（1）信号核对。 （2）正确使用仪器	（1）GOOSE断链信息与所拔光纤不同，扣5分。 （2）智能终端装置操作不当扣5分			
8	试验报告 （15分）	完整的填写试验报告	（1）未填写试验报告，扣10分。 （2）未对试验结果进行判断，扣5分。 （3）试验报告填写不全，每处扣1分			
9	整理现场 （5分）	恢复到初始状态	（1）未整理现场，扣5分。 （2）现场有遗漏，每处扣1分。 （3）离开现场前未检查，扣2分。 （4）其他情况，请酌情扣分			
10	综合素质 （10分）	（1）着装整齐，精神饱满。 （2）现场组织有序，工作人员之间配合良好。 （3）独立完成相关工作。 （4）执行工作任务时，大声呼唱。 （5）不违反电力安全规定及相关规程				

序号	评分项目	评分内容及要求	评分标准	扣分	得分	备注
11	总分（100分）					
试验开始时间：　　时　　分 结束时间：　　时　　分				实际时间： 　　时　　分		
教师						

 任务扩展

一、动作延时测试

测试方法：将断路器辅助触点接入数字化继电保护测试仪开关量输入端子，通过数字化继电保护测试仪对智能终端发跳合闸 GOOSE 报文，作为动作延时测试的起点，智能终端收到报文后跳合闸命令送至测试仪，作为动作延时测试的终点，从测试仪发出跳合闸 GOOSE 报文，到测试仪收到智能终端发出的跳合闸命令的时间差，即为智能终端的动作时间，测量 5 次，测试记录见表 4-8，要求动作时间不大于 7ms。

表 4-8　　　　　　　　　　　　智能终端动作延时测试记录单

动作延时测试		验收人：	验收结论： 是否合格	问题说明：	
1	测试仪发出跳合闸 GOOSE 报文，到测试仪收到智能终端发出的跳合闸命令的时间差：第一次记录动作时间	现场检查结果	□是　　□否		
2	测试仪发出跳合闸 GOOSE 报文，到测试仪收到智能终端发出的跳合闸命令的时间差：第二次记录动作时间	现场检查结果	□是　　□否		
3	测试仪发出跳合闸 GOOSE 报文，到测试仪收到智能终端发出的跳合闸命令的时间差：第三次记录动作时间	现场检查结果	□是　　□否		
4	测试仪发出跳合闸 GOOSE 报文，到测试仪收到智能终端发出的跳合闸命令的时间差：第四次记录动作时间	现场检查结果	□是　　□否		
5	测试仪发出跳合闸 GOOSE 报文，到测试仪收到智能终端发出的跳合闸命令的时间差：第五次记录动作时间	现场检查结果	□是　　□否		

二、GOOSE 链路检查

检查智能终端和与之光纤连接的各装置光口之间的光路连接是否正确，通过依次拔下各根光纤观察装置的断链信息来检查各端口的 GOOSE 配置是否与设计图纸一致。

例如将图 4-55 中智能终端 TX2 光纤拔出，此时后台报线路保护收智能终端直跳

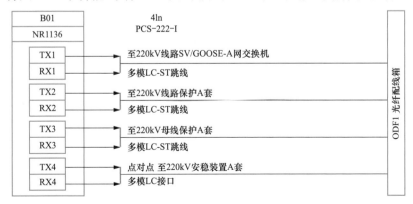

图 4-55　智能终端 GOOSE 光口端子示意图

GOOSE 断链信号，将 RX2 拔掉，则后台报智能终端收线路保护直跳 GOOSE 断链信号，试验结果符合接收端报"链路中断"的原则。

智能终端 GOOSE 链路检查记录见表 4-9。

表 4-9　　　　　　　　　　　　　智能终端 GOOSE 链路检查记录单

GOOSE 链路检查		验收人：	验收结论：是否合格		问题说明：
1	拔出智能终端 TX1 光纤，在监控后台检查断链信息	现场检查结果	□是	□否	
2	拔出智能终端 RX1 光纤，在监控后台检查断链信息	现场检查结果	□是	□否	
3	拔出智能终端 TX2 光纤，在监控后台检查断链信息	现场检查结果	□是	□否	
4	拔出智能终端 RX2 光纤，在监控后台检查断链信息	现场检查结果	□是	□否	
5	拔出智能终端 TX3 光纤，在监控后台检查断链信息	现场检查结果	□是	□否	
6	拔出智能终端 RX3 光纤，在监控后台检查断链信息	现场检查结果	□是	□否	
7	拔出智能终端 TX4 光纤，在监控后台检查断链信息	现场检查结果	□是	□否	
8	拔出智能终端 RX4 光纤，在监控后台检查断链信息	现场检查结果	□是	□否	

学习与思考

（1）光数字继电保护测试仪与常规的继保测试仪相比有哪些不同之处？

（2）智能变电站 SCD 配置文件通常包含哪些内容？

（3）智能终端报"GOOSE 链路中断"，可能是哪些原因导致？

任务三　智能变电站合并单元及二次回路的检验

任务目标

通过对合并单元及二次回路的检验，培养学生熟悉回路原理及工程技术应用，重点突出专业技能以及职业核心能力培养。

智能变电站合
并单元及二次
回路的检验

任务描述

主要完成智能变电站合并单元及二次回路的检验，包括合并单元运行检查、SV 采样断链检查等两个检查项目。以某智能变电站 PCS-221 型合并单元及二次回路检验为例阐述检验过程。

知识准备

合并单元是同步采集互感器电流和电压，并按照时间相关组合将模拟量转换成数字量的单元。合并单元可以是现场变送器的一部分或是控制室中的一个独立的装置。典型的合并单元由 3 个模块组成，即同步功能、多路数据采集、接口功能模块。合并单元按用途可分为间

合并单元装置
介绍

隔合并单元和母线合并单元。间隔合并单元仅采集电流量，电压量采集由母线合并单元完成，间隔合并单元通过与母线合并单元级联方式获取电压量。本任务以 PCS-221G-G-H2 型合并单元说明。

1. 合并单元的功能

PCS-221G-G-H2 合并单元通用于线路、主变压器和母联间隔，其主要功能：

（1）采集两组三相保护电流，一组三相计量电流，一组三相保护电压，一组三相计量电压，一路零序电压；采集中性点零序电流，间隙电流。

合并单元功能
及接线

（2）通过通道可配置的扩展 IEC 60044-8 或者 IEC 61850-9-2 协议接收母线合并单元三相电压信号，实现母线电压切换功能。采集母线隔离开关位置信号（GOOSE 或常规开入）。接收光 PPS、IEEE 1588 或光纤 IRIG-B 码同步对时信号。

2. 合并单元与现场其他设备的连接

合并单元与现场其他设备的连接关系如图 4-56 所示。一个合并单元可以完成 25 路模拟量采集，其中包括两组三相保护电流、一组三相测量电流、一组三相保护电压、一组三相测量电压、一路零序电压、两路零序电流，同时也可以通过扩展 IEC 60044-8 或者 IEC 61850-9-2 协议接收母线电压。

双母线接线方式，能够自动实现母线电压切换功能。合并单元采集Ⅰ母隔离开关 1G 位置和Ⅱ母隔离开关 2G 位置，根据这两个位置来切换选择取Ⅰ母或Ⅱ母电压，如图 4-57 所示。

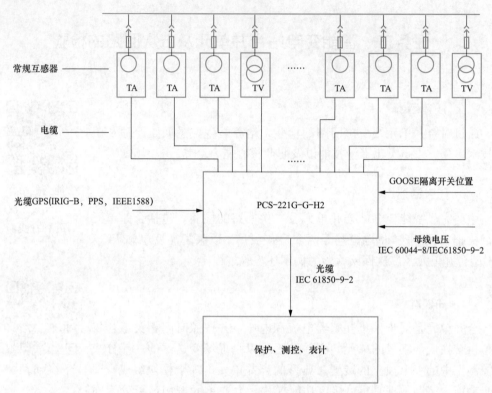

图 4-56　合并单元与现场其他设备的连接关系

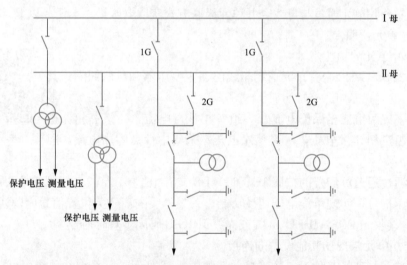

图 4-57　PCS-221G-G-H2 电压切换回路

　　线路隔离开关位置信息采集可通过常规开入或 GOOSE 网络开入，母线电压通过 IEC 60044-8 协议接收母线合并单元电压，其原理如图 4-58 所示。

　　合并单元电压切换采用隔离开关双位置信号，隔离开关位置开入支持常规电缆开入或 GOOSE 开入。

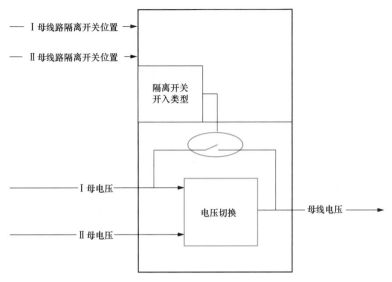

图 4-58　电压切换原理示意图

　　某 220kV 线路合并单元接线示意图如图 4-59 所示，交流电流接线如图 4-60 所示，交流电压接线原理如图 4-61 所示。图 4-60 中，第一组电流互感器绕组编号取 A411、B411、C411、N411。图 4-61 中，第二组电压互感器绕组编号取 A602、B602、C602、N600。

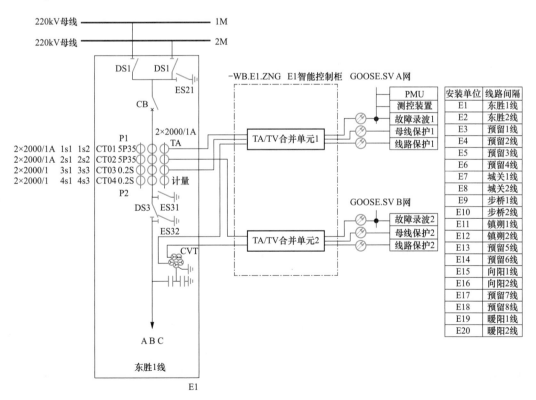

图 4-59　220kV 线路合并单元接线示意图

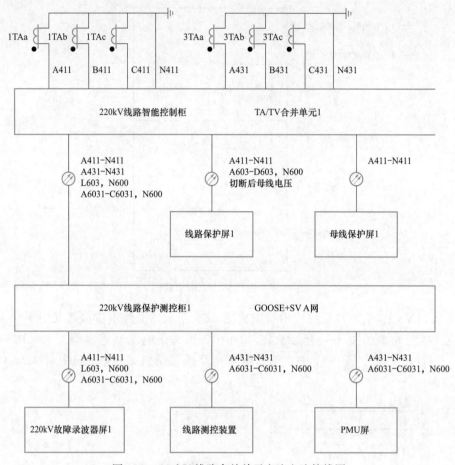

图 4-60 220kV 线路合并单元交流电流接线图

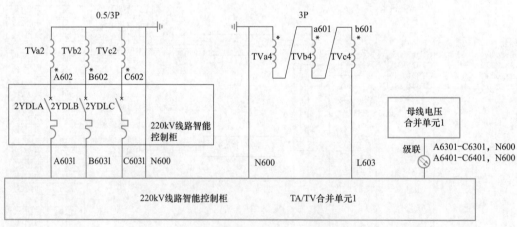

图 4-61 220kV 母线合并单元交流电压接线图

母线合并单元通过光纤分别将母线合并单元采集的电压级联至间隔合并单元和母线保护装置。

3. 装置面板

装置背面面板如图 4-62 所示。装置正面面板如图 4-63 所示，面板上装设人机接口

（HMI）模块的 LED 指示灯。

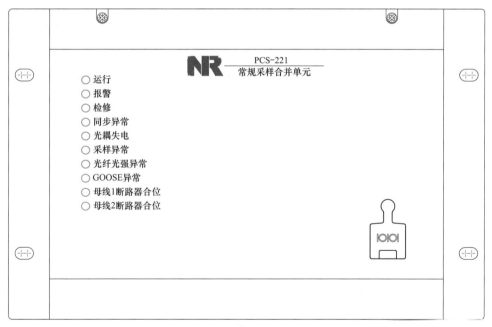

01	02	03		04		05		06		07		08	
NR1136E	NR1157B	NR1401T-6I		6U-1A40-C		NR1407-5I		1U-1A40-A		NR1525A		NR1303EL	
TX										同时动作+	01		
RX										同时动作-	02		
TX	TX1									同时返回+	03		
RX										同时返回-	04		
TX	TX2	Ipa1	01	Ipa1'	02	Ipa2	01	Ipa2'	02	开出3+	05	COM	01
RX		Ipb1	03	Ipb1'	04	Ipb2	03	Ipb2'	04	开出3-	06	BSJ	02
TX	RX1	Ipc1	05	Ipc1'	06	Ipc2	05	Ipc2'	06	开出4+	07	BJJ	03
RX		Ima	07	Ima'	08	I01	07	I01'	08	开出4-	08		04
TX	RX2	Imb	09	Imb'	10	I02	09	I02'	10	光耦电源监视	09		
RX										检修压板	10		05
TX		Imc	11	Imc'	12	U0	11	U0'	12	母线1断器合位	11		
RX										母线1断器分位	12		
TX		Upa	13	Upa'	14		13		14	母线2断器合位	13	PPS-	06
RX										母线2断器分位	14	PPS+	07
TX		Upb	15	Upb'	16		15		16	开入7	15		08
RX		Upc	17	Upc'	18		17		18	开入8	16		09
TX										开入9	17		
RX		Uma	19	Uma'	20		19		20	开入10	18	DC+	10
TX										开入11	19	DC-	11
RX		Umb	21	Umb'	22		21		22	开入12	20		
ST接口 IRIGB		Umc	23	Umc'	24		23		24	开入13	21	大地	12
										公共负	22		
标配可选		标配可选				选配							

图 4-62　装置背面面板

NR　PCS-221
常规采样合并单元

○ 运行
○ 报警
○ 检修
○ 同步异常
○ 光耦失电
○ 采样异常
○ 光纤光强异常
○ GOOSE异常
○ 母线1断路器合位
○ 母线2断路器合位

图 4-63　装置正面面板

工具及材料准备

本任务以某智能变电站 220kV 线路合并单元运行检查为例，需要准备的工具及材料如下：

（1）合并单元一台。

（2）对讲机数只。

人员准备

（1）教师及学生应着长袖棉质工装，佩戴安全帽。

（2）每 4～5 名学生分为一组，各组学生轮流开展实操。

场地准备

（1）实训现场应配备合格、充足的安全工器具，并正确使用。

（2）实训现场应具备明显的应急疏散标识。

（3）检修试验时要在工作地点四周装设围栏。

任务实施

以某智能变电站 220kV 线路合并单元运行检查、SV 采样断链检查为例，根据检查项目填写检查表。

一、合并单元运行检查

合并单元运行检查单见表 4-10。

表 4-10   合并单元运行检查单

合并单元运行检查		验收人：	验收结论：是否合格		问题说明：
1	检查屏柜内螺栓是否有松动，是否有机械损伤	现场检查结果	□是	□否	
2	检查电源开关、空气断路器、按钮是否良好；检查屏柜内单个独立装置和连接片标识是否正确齐全，且外观无明显损坏	现场检查结果	□是	□否	
3	装置接地端子是否可靠接地，接地线是否符合要求	现场检查结果	□是	□否	
4	检查屏柜内电缆是否排列整齐，是否固定牢固，标识是否全正确	现场检查结果	□是	□否	
5	检查屏柜内光缆是否整齐，光缆的弯曲半径是否符合要求；光纤连接是否正确、牢固，是否存在虚接，有无光纤损坏、弯折、挤压、拉扯现象；光纤标识牌是否正确，备用光纤接口或备用光纤是否有完好的护套	现场检查结果	□是	□否	
6	柜内通风、除湿系统是否完好，柜内环境温度、湿度是否满足设备稳定运行要求	现场检查结果	□是	□否	
7	合并单元上电，合并单元光纤接线正确，合并单元正常运行，装置面板指示灯指示正常，无异常和报警灯指示	现场检查结果	□是	□否	
8	检查合并单元运行指示灯	现场检查结果	□是	□否	
9	检查合并单元报警指示灯	现场检查结果	□是	□否	
10	检查合并单元检修指示灯	现场检查结果	□是	□否	
11	检查合并单元同步异常指示灯	现场检查结果	□是	□否	
12	检查合并单元光耦失电指示灯	现场检查结果	□是	□否	
13	检查合并单元采样异常指示灯	现场检查结果	□是	□否	

14	检查合并单元光纤光强异常指示灯	现场检查结果	□是　　□否	
15	检查合并单元 GOOSE 异常指示灯	现场检查结果	□是　　□否	
16	检查合并单元母线 1 隔离开关合位指示灯	现场检查结果	□是　　□否	
17	检查合并单元母线 2 隔离开关合位指示灯	现场检查结果	□是　　□否	
18	检查合并单元对时接口符合设计要求，接入对时信号后，合并单元的对时异常告警返回	现场检查结果	□是　　□否	

二、合并单元 SV 采样断链检查

检查合并单元和与之光纤连接的各装置光口之间的光路连接是否正确，通过依次拔掉各根光纤观察装置的断链信息来检查各端口的 SV/GOOSE 配置是否与设计图纸一致。

例如将图 4-64 中合并单元 TX2 光纤拔出，此时后台报线路保护收合并单元直采 SV 断链信号，将 TX3 拔掉，则后台报母线保护收合并单元直采 SV 采样断链信号。

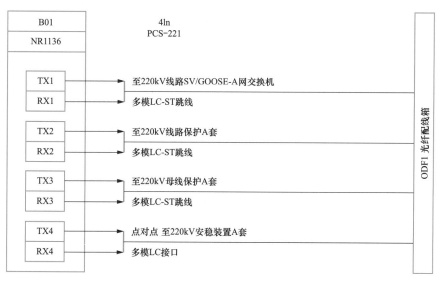

图 4-64　合并单元光口示意图

合并单元 SV 采样断链检查记录单见表 4-11。

表 4-11　　　　　　　　　　合并单元 SV 采样断链检查记录单

SV 采样断链检查		验收人：	验收结论：是否合格	问题说明：
1	拔出合并单元 TX1 光纤，在监控后台检查断链信息	现场检查结果	□是　　□否	
2	拔出合并单元 TX2 光纤，在监控后台检查断链信息	现场检查结果	□是　　□否	
3	拔出合并单元 TX3 光纤，在监控后台检查断链信息	现场检查结果	□是　　□否	
4	拔出合并单元 TX4 光纤，在监控后台检查断链信息	现场检查结果	□是　　□否	
5	拔出合并单元 TX5 光纤，在监控后台检查断链信息	现场检查结果	□是　　□否	
6	拔出合并单元 TX6 光纤，在监控后台检查断链信息	现场检查结果	□是　　□否	

任务评价

<table>
<tr><td colspan="8" style="text-align:center">合并单元检验任务评价表</td></tr>
<tr><td>姓名</td><td></td><td>学号</td><td colspan="5"></td></tr>
<tr><td>序号</td><td>评分项目</td><td>评分内容及要求</td><td>评分标准</td><td>扣分</td><td>得分</td><td>备注</td></tr>
<tr>
<td>1</td>
<td>预备工作
（5分）</td>
<td>（1）安全着装。
（2）仪器仪表检查。
（3）被试品检查</td>
<td>（1）未按照规定着装，每处扣0.5分。
（2）仪器仪表选择错误，每次扣1分；未检查扣1分。
（3）被试品检查不充分，每处扣1分。
（4）其他不符合条件，酌情扣分</td>
<td></td><td></td><td></td>
</tr>
<tr>
<td>2</td>
<td>班前会
（10分）</td>
<td>（1）交待工作任务及任务分配。
（2）危险点分析。
（3）预控措施</td>
<td>（1）未交待工作任务，每次扣2分。
（2）未进行人员分工，每次扣1分。
（3）未交待危险点，扣3分；交待不全，酌情扣分。
（4）未交待预控措施，扣2分。
（5）其他不符合条件，酌情扣分</td>
<td></td><td></td><td></td>
</tr>
<tr>
<td>3</td>
<td>屏柜检查
（15分）</td>
<td>正确检查</td>
<td>（1）未正确检查屏柜内螺栓，扣1分。
（2）未正确检查电源开关、空气断路器、按钮，扣2分。
（3）未正确检查硬连接片，扣2分。
（4）未正确检查接地线、接地端子，扣2分。
（5）未正确检查屏柜内电缆缆，扣2分。
（6）未正确检查屏柜内光缆，扣2分。
（7）未正确检查屏柜内环境，扣2分。
（8）未正确检查屏柜内装置和连接片标识，扣2分。
（9）其他不符合条件，酌情扣分</td>
<td></td><td></td><td></td>
</tr>
<tr>
<td>4</td>
<td>合并单元外观检查（20分）</td>
<td>正确检查</td>
<td>（1）未正确检查装置外观，扣3分。
（2）未正确检查装置光纤接线，扣6分。
（3）未正确检查电缆接线，扣3分。
（4）其他不符合条件，酌情扣分</td>
<td></td><td></td><td></td>
</tr>
<tr>
<td>5</td>
<td>合并单元运行指示灯检查
（20分）</td>
<td>正确检查</td>
<td>（1）未正确检查运行指示灯，未对指示灯进行判断，扣2分。
（2）未正确检查报警指示灯，未对指示灯进行判断，扣2分。
（3）未正确检查检修指示灯，未对指示灯进行判断，扣2分。
（4）未正确检查同步异常指示灯，未对指示灯进行判断，扣2分。
（5）未正确检查光耦失电指示灯，未对指示灯进行判断，扣2分。
（6）未正确检查采样异常指示灯，未对指示灯进行判断，扣2分。
（7）未正确检查光纤光强异常指示灯，未对指示灯进行判断，扣2分。</td>
<td></td><td></td><td></td>
</tr>
</table>

序号	评分项目	评分内容及要求	评分标准	扣分	得分	备注
5	合并单元运行指示灯检查（20分）	正确检查	（8）未正确检查 GOOSE 异常指示灯，未对指示灯进行判断，扣2分。 （9）未正确检查合并单元母线1隔离开关合位指示灯，未对指示灯进行判断，扣2分。 （10）未正确检查合并单元母线2隔离开关合位指示灯，未对指示灯进行判断，扣2分。 （11）其他不符合条件，酌情扣分			
6	SV 链路检查（10分）	（1）信号核对。 （2）正确使用仪器	（1）SV 断链信息与所拔光纤不同，扣5分。 （2）装置操作不当，扣5分			
7	试验报告（10分）	完整的填写试验报告	（1）未填写试验报告，扣10分。 （2）未对试验结果进行判断，扣5分。 （3）试验报告填写不全，每处扣1分			
8	整理现场（5分）	恢复到初始状态	（1）未整理现场，扣5分。 （2）现场有遗漏，每处扣1分。 （3）离开现场前未检查，扣2分。 （4）其他情况，请酌情扣分			
9	综合素质（5分）		（1）着装整齐，精神饱满。 （2）现场组织有序，工作人员之间配合良好。 （3）独立完成相关工作。 （4）执行工作任务时，大声呼唱。 （5）不违反电力安全规定及相关规程			
10	总分（100分）					
试验开始时间： 时 分 结束时间： 时 分				实际时间： 时 分		
教师						

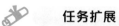

任务扩展

检验合并单元电压切换及并列功能，设计检查表并填写检查结果。

（1）对于接入了两段母线电压的按间隔配置的合并单元，分合母线隔离开关，检查合并单元电压切换动作逻辑是否正确。

（2）在母线合并单元上分别施加不同幅值的两段母线电压，分合断路器及隔离开关，切换相应把手，检查各种并列情况下合并单元的并列动作逻辑是否正确。

（3）合并单元在进行母线电压切换或并列时，检查是否出现通信中断、丢包、品质输出异常改变等异常现象。

学习与思考

（1）合并单元测试仪与常规测试仪有什么区别？

（2）采样值检查时如果测试结果误差比较大，是什么原因造成的？

 情境总结

　　通过本情境的系统学习和实训操作，学生能够熟练掌握主变压器测控装置、智能装置、合并单元功能及应用，掌握本情境中的各项测控试验的相关理论知识，明确各项试验的目的、器材、危险点及防范措施，掌握各项测试的标准、方法和步骤，能够在专人监护和配合下独立完成各项测试过程，并依据相关试验标准，对试验结果做出正确的判断和比较全面的分析。

变电站常见信号的判断与处理

情境描述

变电站常见信号的判断与处理，是继电保护检修人员的典型工作情境。本情境涵盖的工作任务主要包括综合自动化变电站监控主机位置信号异常的判断与处理、监控主机发出异常信号与事故信号的判断与处理，以及相关规定、规程、标准的应用等。

情境目标

通过本情境学习应该达到以下目标。

（1）知识目标：理解综合自动化变电站信号系统的工作原理；熟悉变电站信号的类型及作用；熟悉信号回路中二次设备图形符号、文字符号；熟悉变电站信号回路编号原则；明确信号回路检验的有关规程、规定及标准。

（2）能力目标：能够根据信号、信息及其他现象判断信号回路运行状态；能够根据信号回路原理图纸、接线图纸，按照相关规程要求正确判断与处理信号回路常见的异常和故障。

（3）素质目标：牢固树立变电站信号回路运行与异常处理过程中的安全风险防范意识，严格按照标准化作业流程进行。

任务一　变电站位置信号异常的判断与处理

任务目标

本学习任务包括变电站综合自动化系统的构成、综合自动化变电站信号系统的组成及工作原理等，通过对变电站位置信号异常的判断与处理，培养学生熟悉回路原理及工程技术应用，重点突出专业技能以及职业核心能力培养。

任务描述

主要完成综合自动化变电站监控主机位置信号异常的判断与处理，包括断路器、隔离开关遥信位置信号不定态等异常的判断与处理。以

变电站位置信号异常的判断与处理

某综合自动化变电站 110kV 线路隔离开关位置信号异常判断与处理为例阐述整个异常处理过程。

❋ 知识准备

一、变电站综合自动化系统的构成

按照国际电工委员会（IEC）推荐的标准，在分层分布式结构的变电站控制系统中，整个变电站的一、二次设备被划分为三层，即过程层（process level）、间隔层（bay level）和站控层（station level）。其中，过程层又称为 0 层或设备层，间隔层又称为 1 层或单元层，站控层又称为 2 层或变电站层。

变电站综合
自动化基本
功能

如图 5-1 所示为某分层分布式变电站综合自动化系统的结构图，图中简要绘出了过程层、间隔层和站控层的设备。按照该系统的设计思路，图中每一层分别完成分配的功能，且彼此之间利用网络通信技术进行数据信息的交换。

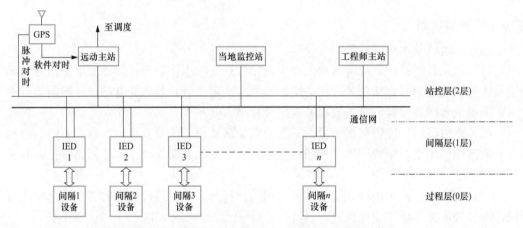

图 5-1　分层分布式变电站综合自动化系统的结构

过程层主要包含变电站内的一次设备，如母线、线路、变压器、电容器、断路器、隔离开关、电流互感器和电压互感器等，它们是变电站综合自动化系统的监控对象。

间隔层各智能电子装置（IED）利用电流互感器、电压互感器、变送器、继电器等设备获取过程层各设备的运行信息，如电流、电压、功率、压力、温度等模拟量信息以及断路器、隔离开关等的位置状态，从而实现对过程层进行监视、控制和保护，并与站控层进行信息的交换，完成对过程层设备的遥测、遥信、遥控、遥调等任务。在变电站综合自动化系统中，为了完成对过程层设备进行监控和保护等任务，设置了各种测控装置、保护装置、保护测控装置、电能计量装置以及各种自动装置等，它们都可被看作是 IED。

站控层借助通信网络完成与间隔层之间的信息交换，从而实现对全变电站所有一次设备的当地监控功能以及间隔层设备的监控、变电站各种数据的管理及处理功能；同时，它还经过通信设备，完成与调度中心之间的信息交换，从而实现对变电站的远方监控。站控层一般主要由当地监控站、远动主站、工程师工作站及"五防"主机组成，对

于事故分析处理指导和培训等专家系统，以及用户要求的其他功能的工作站则可根据需要增减。

二、综合自动化变电站信号系统

图 5-2 所示为综合自动化变电站信号系统示意图，其中主设备、母线及线路的电流、电压、温度、压力及断路器、隔离开关位置等状态信号由各自电气单元的测控装置采集后送到监控主机，保护装置发出的信号（保护动作具体信息）既可通过软件报文的形式传输到监控主机，又可以硬触点开出（保护装置直流掉电告警，装置异常等）遥信信号送到测控屏，再由测控屏转换成数字信号传输到变电站站控层的监控主机。

综合自动化装置屏柜二次接线要求

其中，硬触点信号为一次设备、二次设备及辅助设备以电气触点方式接入测控装置或智能终端的信号。软报文信号为一次设备、二次设备及辅助设备自身产生并以通信报文方式传输的信号。

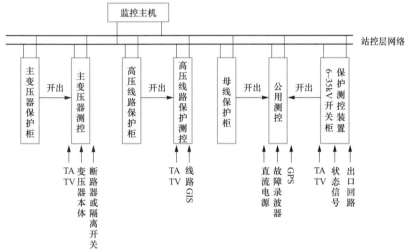

图 5-2　综合自动化变电站信号系统示意图

在监控系统中，各类信息的动作能够以告警的形式在显示屏上显示，还可通过音响发出语言报警。当电网或设备发生故障引起断路器跳闸时，在发出语言告警的同时，跳闸断路器的符号在屏上闪烁，方便运行人员迅速地对信息进行分类与判别以及对事故进行分析与处理。

主变压器测控装置的信号主要来自变压器保护装置、变压器本体端子箱、各电压等级的配电装置、有载分接开关等。高压线路测控装置的信号主要来自高压线路保护柜、线路 GIS 柜、断路器操动机构、隔离开关。公用测控装置的信号主要来自母线保护柜、故障录波器柜、直流电源柜、故障信息处理机柜、GPS 等。

综合自动化变电站的信号可分为继电保护动作信号（如变压器主、后备保护动作信号等）、自动装置动作信号（如输电线路重合闸动作、录波启动信号等）、位置信号（如断路器、隔离开关、有载分接开关挡位等位置信号）、二次回路运行异常信号（如控制回路断线、TA 和 TV 异常、通道告警、GPS 信号消失等）、压力异常信号（如 SF_6 低气压闭锁与报警信号等）、装置故障和失电告警信号（如直流消失信号等）。

三、信号回路标号原则

信号回路的数字标号，按事故、位置、预告、指挥信号进行分组，按数字大小进行排列。信号及其他回路数字标号组 701～799 或 7011～7999，断路器位置遥信回路数字标号组 801～899 或 8011～8999。

四、综合自动化变电站位置信号

综合自动化变电站的位置信号，如断路器、隔离开关、有载分接开关挡位等位置信号，取自对应设备辅助触点，经各自电气单元的测控装置开入信号采集后送到监控主机。

（一）外部开关量输入回路

外部开关量输入回路的作用是供装置逻辑判断，或用于外部开关量信号的辅助判别等，包括本屏或相邻屏上其他装置引入的弱电开入量信号以及从较远处电气一次设备引

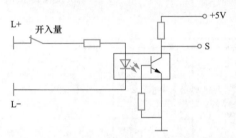

图 5-3　外部开关量输入回路原理图

入的强电开入量信号。图 5-3 是外部开关量输入回路图，一般外部触点与装置的距离较远，通过连线直接引入装置会带来干扰，所以外部触点经过光电隔离输入。外部触点使用电源为外接 220V 直流电源，＋5V 为本装置内部提供的电源。当外部触点开入量接通时，二极管导通发出红外线光，光敏三极管接收到红外线光后导通，S 点低电平，开入信号置 1；开关量断开时，二极管截止，S 点高电平，开入信号置 0。使用光隔的目的是防止外部干扰信号进入装置，一般光隔设置在装置开入插件中。

（二）位置信号判断逻辑

测控装置判定隔离开关位置采用双触点方式，分别引入隔离开关辅助动合、动断触点，正常情况，隔离开关在合闸位置，动合触点闭合，动断触点打开；隔离开关在分闸位置，动合触点打开，动断触点闭合。测控装置判定隔离开关位置逻辑判断见表 5-1。

表 5-1　　　　　　　　测控装置判断隔离开关位置逻辑判断表

序号	隔离开关辅助触点位置			测控装置判定隔离开关位置
	动合（S点电位）	动断（S点电位）	编码	
1	断开（高）	闭合（低）	01	分闸位置
2	闭合（低）	断开（高）	10	合闸位置
3	断开（高）	断开（高）	00	位置不定态
4	闭合（低）	闭合（低）	11	位置不定态

五、危险点分析及防范措施

（1）防止交直流回路短路、接地。

（2）在做短接测试时防止断路器、隔离开关误动作。

（3）防止测试时损坏万用表。

（4）防止人员触电。

📚　工具及材料准备

本任务以某综自变电站 110kV 线路隔离开关位置信号异常判断与处理为例，需要准备的工具及材料如下：

（1）测控装置背板图、测控屏端子箱图、隔离开关（断路器）原理图、隔离开关（断路器）端子排等二次回路图。

（2）万用表。

（3）平口螺丝刀。

（4）十字螺丝刀。

（5）适当长度、数量的短接线。

👤　人员准备

（1）教师及学生应着长袖棉质工装，佩戴安全帽，二次回路上工作时应戴线手套。

（2）每 4～5 名学生分为一组，各组学生轮流开展实操，每组人员合理分配，分别进行测量、监护和记录数据。

💡　场地准备

（1）实训现场应配备合格、充足的安全工器具，并正确使用。

（2）实训现场应具备明显的应急疏散标识。

（3）检验时要在工作地点四周装设围栏。

🚀　任务实施

（1）检查变电站监控主机 110kV 线路 1G（母线侧隔离开关）在不定态（隔离开关位置灰色），一次设备区 1G（母线侧隔离开关）实际位置在合位。

（2）查找图纸。断路器、隔离开关位置信号是对应间隔测控装置通过软件报文的形式传输到监控主机，因此要找到测控装置遥信开入原理图（如图 5-4 所示），110kV 线路保护测控柜端子排图（如图 5-5 所示），110kV 线路断路器端子箱图（如图 5-6 所示），1G 隔离开关端子排图（如图 5-7 所示），1G 隔离开关机构原理图中辅助开关接线端子（如图 5-8 所示），根据图纸找出测控装置与 1G 隔离开关机构间关系，如图 5-9 所示为测控装置与隔离开关间的连接关系。

（3）检查测控装置端子、测控屏端子、1G（母线侧隔离开关）隔离开关辅助触点端子、隔离开关辅助开关接线端子（各图中手形所指有关 912、913 端子）是否接线松动，如有松动，用螺丝刀拧紧后再次检查监控主机隔离开关位置是否正常。

（4）用万用表检查回路并分析。隔离开关不定态常见有三种情况：①测控装置开入 DI12、DI13 电压正常，说明测控装置插件有问题；②DI12、DI13 电压不正常，是由于隔离开关辅助触点接触不好或没有变位（现场最常见）；③DI12、DI13 电压不正常，是由于从测控到隔离开关辅助触点间接线断线或松动。

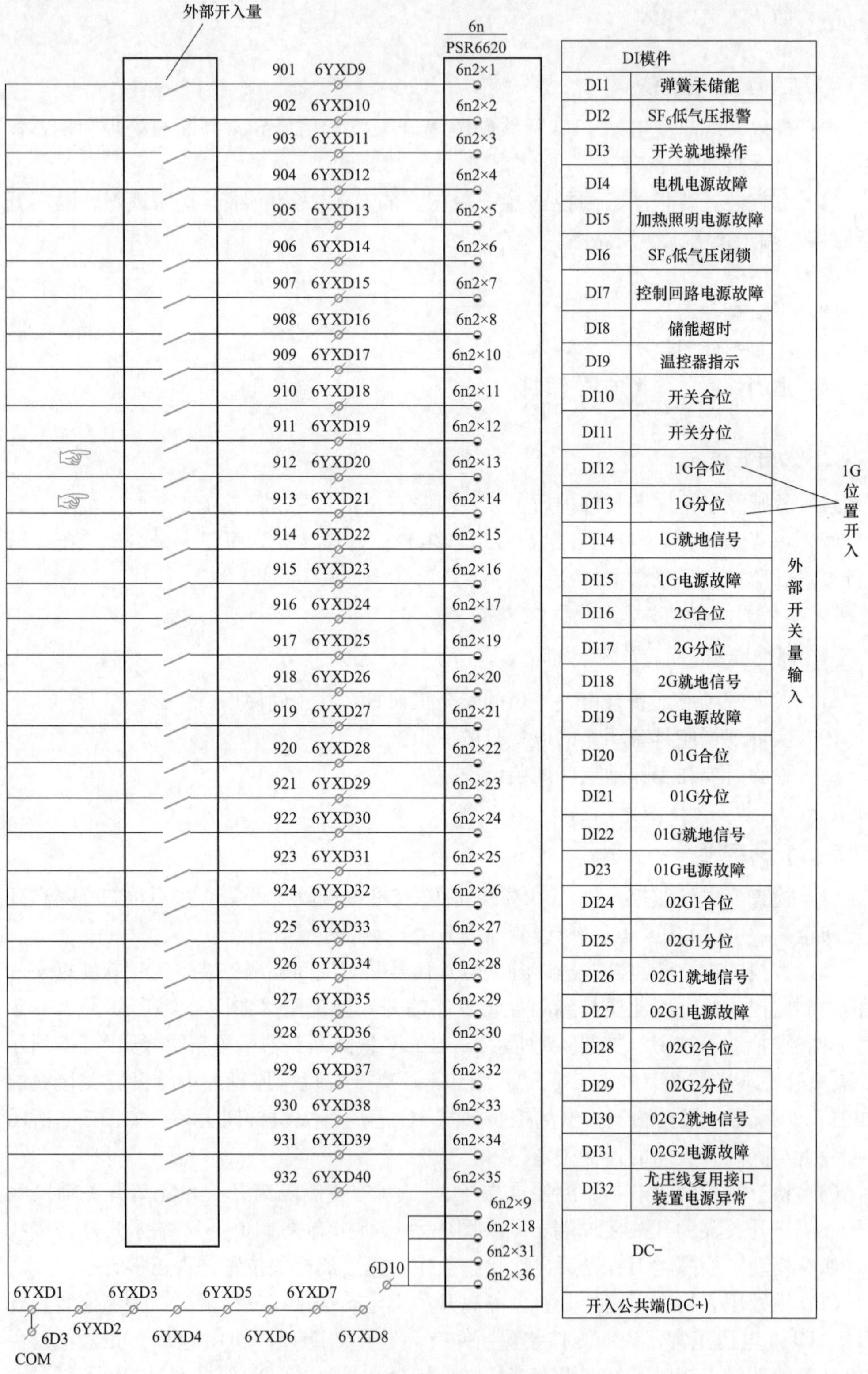

外部开入量

	6n PSR6620		DI模件		
901 6YXD9	6n2×1		DI1	弹簧未储能	
902 6YXD10	6n2×2		DI2	SF$_6$低气压报警	
903 6YXD11	6n2×3		DI3	开关就地操作	
904 6YXD12	6n2×4		DI4	电机电源故障	
905 6YXD13	6n2×5		DI5	加热照明电源故障	
906 6YXD14	6n2×6		DI6	SF$_6$低气压闭锁	
907 6YXD15	6n2×7		DI7	控制回路电源故障	
908 6YXD16	6n2×8		DI8	储能超时	
909 6YXD17	6n2×10		DI9	温控器指示	
910 6YXD18	6n2×11		DI10	开关合位	
911 6YXD19	6n2×12		DI11	开关分位	
912 6YXD20	6n2×13		DI12	1G合位	1G 位 置 开 入
913 6YXD21	6n2×14		DI13	1G分位	
914 6YXD22	6n2×15		DI14	1G就地信号	
915 6YXD23	6n2×16		DI15	1G电源故障	外 部 开 关 量 输 入
916 6YXD24	6n2×17		DI16	2G合位	
917 6YXD25	6n2×19		DI17	2G分位	
918 6YXD26	6n2×20		DI18	2G就地信号	
919 6YXD27	6n2×21		DI19	2G电源故障	
920 6YXD28	6n2×22		DI20	01G合位	
921 6YXD29	6n2×23		DI21	01G分位	
922 6YXD30	6n2×24		DI22	01G就地信号	
923 6YXD31	6n2×25		D23	01G电源故障	
924 6YXD32	6n2×26		DI24	02G1合位	
925 6YXD33	6n2×27		DI25	02G1分位	
926 6YXD34	6n2×28		DI26	02G1就地信号	
927 6YXD35	6n2×29		DI27	02G1电源故障	
928 6YXD36	6n2×30		DI28	02G2合位	
929 6YXD37	6n2×32		DI29	02G2分位	
930 6YXD38	6n2×33		DI30	02G2就地信号	
931 6YXD39	6n2×34		DI31	02G2电源故障	
932 6YXD40	6n2×35		DI32	尤庄线复用接口 装置电源异常	
	6n2×9				
	6n2×18			DC−	
6D10	6n2×31				
	6n2×36				

6YXD1 6YXD3 6YXD5 6YXD7

6D3 6YXD2 6YXD4 6YXD6 6YXD8

COM

开入公共端(DC+)

图 5-4   测控装置遥信开入原理图

	1-6YXD		
外部遥信公共端	1		1-6D3
COM	2		
	3		1-4YD：2
	4		1-1YD：2, 1-1YD：17
	5		
	6		
	7		
	8		
901 弹簧未储能	9		1-6n2×1
902 SF₆低气压报警	10		1-6n2×2
903 开关就地操作	11		1-6n2×3
904 电机电源故障	12		1-6n2×4
905 加热照明电源故障	13		1-6n2×5
906 SF₆低气压闭锁	14		1-6n2×6
907 控制回路电源故障	15		1-6n2×7
908 储能超时	16		1-6n2×8
909 温控器指示	17		1-6n2×10
910 开关合位	18		1-6n2×11
911 开关分位	19		1-6n2×12
912 1G合位	20		1-6n2×13
913 1G分位	21		1-6n2×14
914 1G就地信号	22		1-6n2×15
915 1G电源故障	23		1-6n2×16
916 2G合位	24		1-6n2×17
917 2G分位	25		1-6n2×19
918 2G就地信号	26		1-6n2×20
919 2G电源故障	27		1-6n2×21
920 01G合位	28		1-6n2×22
921 01G分位	29		1-6n2×23
922 01G就地信号	30		1-6n2×24
923 01G电源故障	31		1-6n2×25
924 02G1合位	32		1-6n2×26
925 02G1分位	33		1-6n2×27
926 02G1就地信号	34		1-6n2×28
927 02G1电源故障	35		1-6n2×29
928 02G2合位	36		1-6n2×30
929 02G2分位	37		1-6n2×32
930 02G2就地信号	38		1-6n2×33
931 02G2电源故障	39		1-6n2×34
932 复用接口装置电源异常	40		1-6n2×35
933 复用接口装置告警	41		1-6n5×1
	42		1-6n5×2
	交流电源		JD
KG：1	1		220VL
1n'：L	2		
	3		
ZMD：2	4		220VN
1n'：N	5		
	6		
	7		GND
1n'：GND	8		

左侧标注：至柜顶　2E122 -2×19×1.5(6)　2E151 -4×1.5(1)　至尤庄线端子箱　至复用接口柜右

图 5-5　110kV线路保护测控柜端子排图

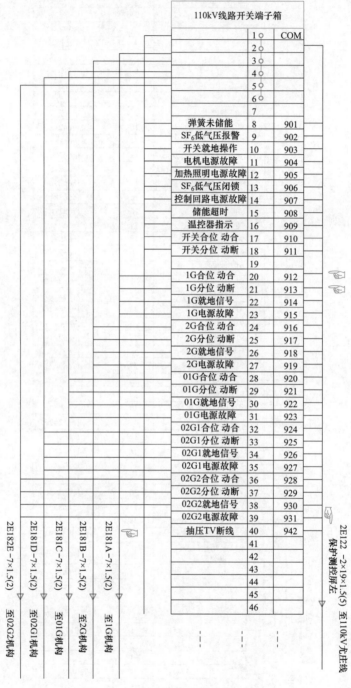

图 5-6　110kV 线路断路器端子箱图

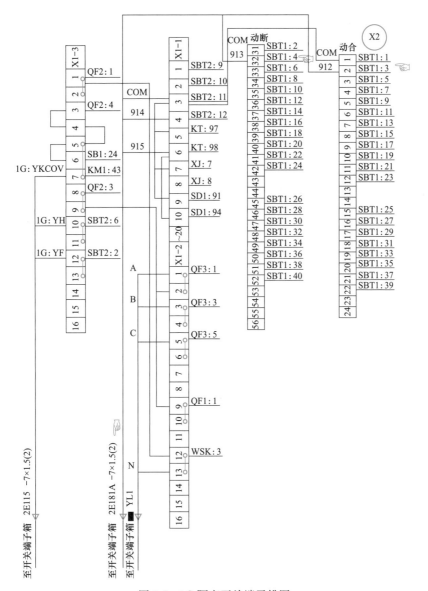

图 5-7　1G 隔离开关端子排图

1）隔离开关实际在合闸位置，SBT1 触点 1、3 应闭合，2、4 应打开。不同变电站测控开入信号所用直流电源有所不同，以 220V 直流电源为例，用万用表直流电压挡，黑表笔接装置地，红表笔分别测量线路测控装置 DI12、DI13 及所有相关联的端子，正常情况 DI13 及所有与 913 端子相连的端子电压应为＋110V，DI12 及所有与 912 端子相连的端子电压为 0V，如图 5-4 所示，触点断开时，二极管不能导通，负电源接不通，所以 DI12 端子电压为 0V 而不是-110V。SBT1 的 1、2、3 点电压＋110V，4 点电压 0V。

2）如 DI12 电压 0V，DI13 电压＋110V，说明测控装置插件有问题，需厂家处理。

3）如 DI12 电压 0V，DI13 电压 0V，说明从 DI13 至隔离开关辅助触点间有断线或隔离开关辅助触点 SBT1 触点 1、3 没有闭合。

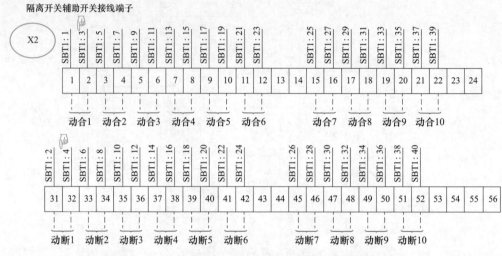

图 5-8　1G 隔离开关机构原理图中辅助开关接线端子图

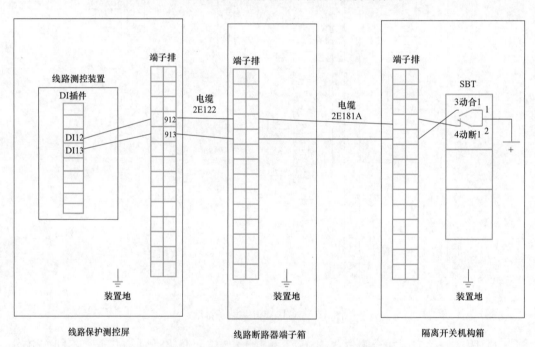

图 5-9　测控装置与隔离开关间的连接关系

4）现场用万用表测量直流电压值可分析回路的通断，具体操作及分析如下：

a. 在隔离开关机构箱万用表黑表笔接装置地，红表笔测 SBT1-1 点电压＋110V，测 SBT1-3 点电压＋110V，说明触点 1、3 闭合，隔离开关辅助触点与隔离开关位置一致；如红表笔测 SBT1-1 点电压＋110V，测 SBT1-3 点电压 0V，说明触点 1、3 断开，隔离开关辅助触点与隔离开关位置不一致，SBT1-3 至测控装置 DI13 间回路导通。

b. 如判断隔离开关辅助触点与实际位置一致，说明从隔离开关辅助触点 3 至测控 DI13 有回路不通，同样用万用表测直流电压方法测量隔离开关机构箱端子排接有编号 913 电缆与隔离开关辅助触点相连的端子，电压＋110V，说明该触点与辅助触点间回路接通，电压为 0V，说明该触点与辅助触点间回路不通，以此类推直到测控装置 DI13 点，找到回路断开点，然后进行处理。

 任务评价

	变电站隔离开关（断路器）位置不定态检查、判断与处理任务评价表					
姓名		学号				
序号	评分项目	评分内容及要求	评分标准	扣分	得分	备注
1	预备工作 （10分）	（1）安全着装。 （2）万用表检查	（1）未按照规定着装，每处扣0.5分。 （2）万用表选择错误，扣1分；未检查扣1分。 （3）其他不符合条件，酌情扣分			
2	班前会 （10分）	（1）交待工作任务及任务分配。 （2）危险点分析。 （3）预控措施	（1）未交待工作任务，每次扣2分。 （2）未进行人员分工，每次扣1分。 （3）未交待危险点，扣3分；交待不全，酌情扣分。 （4）未交待预控措施，扣3分。 （5）其他不符合条件，酌情扣分			
3	准备图纸并理清相互间关系 （15分）	（1）图纸查找正确。 （2）图纸间相互关系清晰。 （3）能将图纸与现场设备对应	（1）图纸查找不正确，少一项扣5分。 （2）看不明白各图之间相互关系，酌情扣3~8分。 （3）不能将图纸与现场设备对应，每项扣1分			
4	放置安全措施 （10分）	（1）安全围栏。 （2）标识牌	（1）未设置安全围栏，扣5分，设置不正确，扣3分。 （2）未摆放任何标识牌，扣5分；漏摆一处扣1分；标识牌摆放不合理，每处扣1分。 （3）其他不符合条件，酌情扣分			
5	信号回路电源及各装置端子检查（10分）	检查中应仔细，不误碰设备	（1）检查中误碰设备，造成断路器、隔离开关误动，本任务不得分。 （2）检查中导致测控装置失电，视情节酌情扣5~10分			
6	回路各触点电压测量（20分）	（1）正确使用万用表。 （2）测量有序合理	（1）测量中损坏万用表，本任务不得分。 （2）测量中应按线路接线顺序测量，测量顺序混乱视情节酌扣5~20分			
7	分析原因并处理（15分）	（1）给出正确结论。 （2）正确处理	（1）不能分析，扣10分。 （2）能处理问题而没处理，扣5分			
8	综合素质 （10分）	（1）着装整齐，精神饱满。 （2）现场组织有序，工作人员之间配合良好。 （3）独立完成相关工作。 （4）不违反电力安全规定及相关规程				
9	总分（100分）					
试验开始时间： 时 分 结束时间： 时 分				实际时间： 时 分		
教师						

任务扩展

某变电站监控主机110kV线路断路器在不定态（断路器位置灰色），一次设备区该断路器实际位置在合位，请参照任务实施的方法对断路器位置信号的异常进行判断和处理，并设计填写记录单。

学习与思考

（1）哪些信号属于变电站位置信号？

（2）隔离开关、断路器位置信号是如何传送给监控主机的？

任务二　变电站异常信号及事故信号的判断与处理

 任务目标

本学习任务包括综合自动化变电站信号系统的分类及信号产生的原因，通过对变电站异常信号与事故信号的判断与处理，培养学生熟悉回路原理及工程技术应用，重点突出专业技能以及职业核心能力培养。

任务描述

综合自动化变电站监控主机发出异常信号与事故信号的判断与处理，包括"TV 失压""装置异常""TV 断线"的判断及处理。以某综合自动化变电站监控主机报"220kV 某线路保护报 TV 断线"异常信号为例阐述整个分析查找过程。

变电站异常
信号及事故
信号的判断
与处理

知识准备

一、综合自动化变电站的信号分类

变电站信号按用途可分为：事故信号、预告信号、位置信号。

事故信号：当一次系统发生事故引起断路器跳闸时，由继电保护或自动装置动作启动信号系统发出的声、光信号，以引起运行人员注意。

预告信号：当一次或二次电气设备出现不正常运行状态时，由继电保护动作启动信号系统发出的声、光信号。预告信号又分为瞬时预告信号和延时预告信号。

二、引发事故信号的原因

（1）线路或电气设备发生故障，由继电保护装置动作跳闸。

（2）断路器偷跳或其他原因引起的非正常分闸。

三、预告信号的基本内容

（1）各种电气设备的过负荷。

（2）各种充油设备的油温升高超过极限。

（3）交流小电流接地系统的单相接地故障。

（4）直流系统接地。

（5）各种液压或气压机构的压力异常，弹簧机构的弹簧未拉紧。

（6）三相式断路器的三相位置不一致。

（7）继电保护和自动装置的交、直流电源断线。

（8）断路器的控制回路断线。

（9）电流互感器和电压互感器的二次回路断线。

（10）动作于信号的继电保护和自动装置的动作。

四、危险点分析及防范措施

（1）防止交直流回路短路、接地。

（2）在做短接测试时防止断路器、隔离开关误动作。

（3）防止测试时损坏设备。

（4）防止人员触电。

工具及材料准备

本任务以某综合自动化变电站监控主机报异常信号的判断与处理为例，需要准备的工具及材料如下：

（1）220kV 线路保护原理图，220kV 线路保护屏接线图，电压切换原理图、接线图、隔离开关端子图等二次回路图。

（2）万用表、平口螺丝刀、十字螺丝刀。

（3）适当长度、数量的短接线。

人员准备

（1）教师及学生应着长袖棉质工装，佩戴安全帽，二次回路上工作时应戴线手套。

（2）每 4～5 名学生分为一组，各组学生轮流开展实操，每组人员合理分配，分别进行测量、监护和记录数据。

场地准备

（1）实训现场应配备合格、充足的安全工器具，并正确使用。

（2）实训现场应具备明显的应急疏散标识。

（3）检验时要在工作地点四周装设围栏。

任务实施

（1）检查变电站监控主机异常告警信息"220kV××线路第一套××保护报 TV 断线"（保护装置软报文送监控主机）、"TV 失压"（电压切换箱通过硬触点将信号送测控装置再送监控主机），检查该间隔画面保护"装置异常""TV 断线"光字闪烁，该线路正常运行于Ⅰ母，变电站 220kV 双母线接线，一次系统运行正常。

（2）检查该间隔第一套保护装置信号，发现保护失去三相交流电压，保护屏后交流电压开关在投入状态，检查电压切换装置发现Ⅰ、Ⅱ灯都不亮，装置电源正常。

（3）查找图纸分析回路。根据监控主机报出信息，确认该信息由该间隔第一套保护通过软件报文的形式传输到监控主机。找对应 220kV 线路间隔保护装置交流回路图（如图 5-10 所示）、电压切换原理图（如图 5-11 所示），根据该线路运行于Ⅰ母方式，保护装置电压切换原理图中 1G（Ⅰ母隔离开关辅助触点）应闭合，2G（Ⅱ母隔离开关辅助触点）应断开，结合电压切换装置Ⅰ、Ⅱ灯都不亮的现象，判断可能 1G 有关回路触点松动或回路断开。因此查找操作箱电压切换背板图（如图 5-12 所示）、线路保护屏端子排图（如图 5-13 所示）、线路断路器端子箱端子排图（如图 5-14 所示）、隔离开关机构箱端子排图（如图 5-15 所示）及隔离开关辅助触点图（如图 5-16 所示）。电压切换装置到隔离开关间的连接关系如图 5-17 所示。

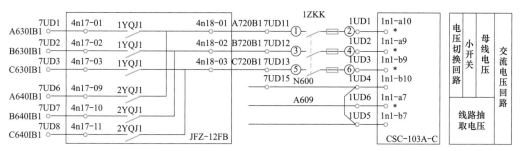

图 5-10　保护装置交流回路图

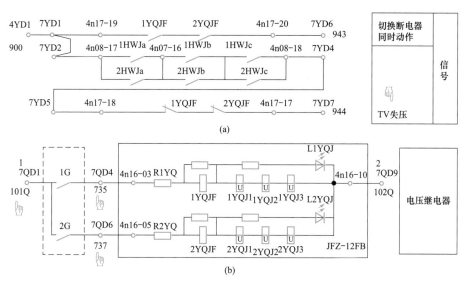

(a)

(b)

图 5-11　220kV 保护装置电压切换原理图

（a）切换回路图；（b）展开式原理图

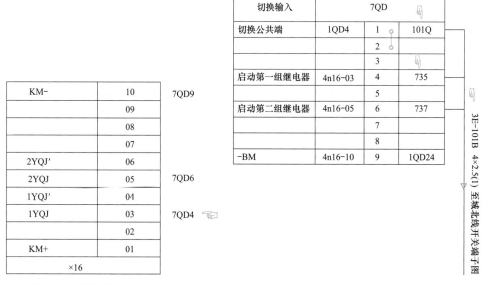

图 5-12　操作箱电压切换背板图　　图 5-13　第一套线路保护端子排图

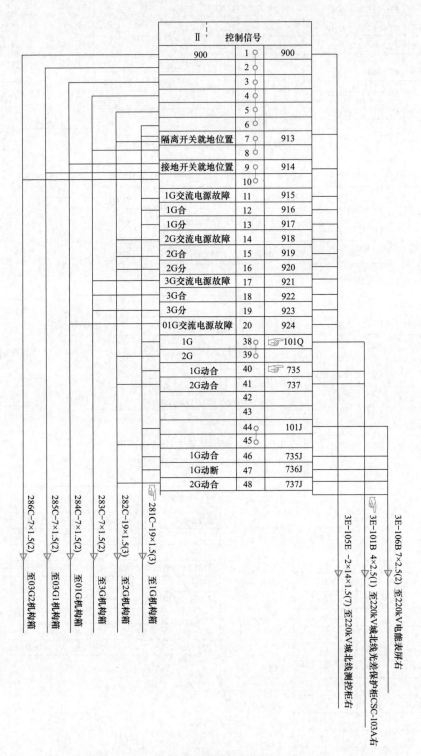

图 5-14　线路断路器端子箱端子排图

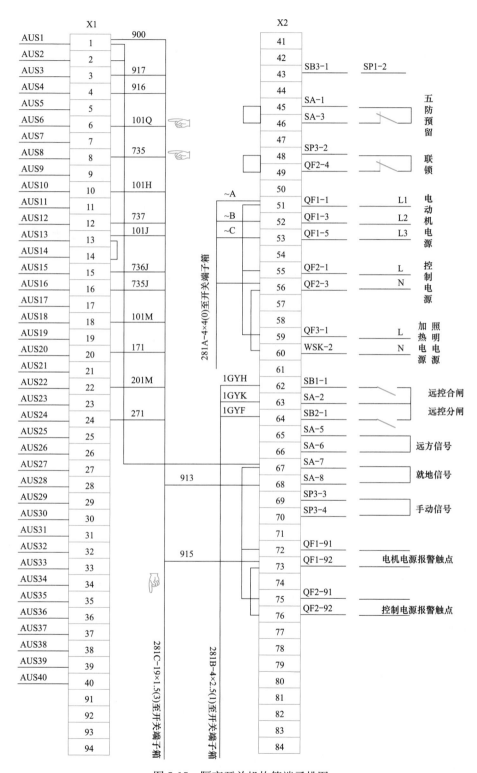

图 5-15　隔离开关机构箱端子排图

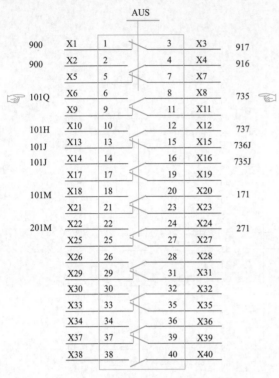

图 5-16 隔离开关辅助触点图

（4）检查保护屏操作箱端子、保护屏端子、线路断路器端子箱端子、隔离开关操作箱与 735 有关的端子（各图中手形所指端子）是否接线松动。如有松动，用螺丝刀拧紧后，再次检查监控主机及保护和电压切换装置是否正常。

（5）用万用表检查回路并分析。线路运行在Ⅰ母，正常 1G 合位，与编号 735 相连端子对地电压＋110V，2G 分位，与编号 737 相连端子对地电压－110V。万用表用直流电压挡，负表笔接装置地，正表笔分别测量线路保护屏操作箱电压切换背板 4n16-03 端子，保护屏端子排 735 及所有相关联的端子电压。通过测量各点电压，测试回路通断，分析问题是在于各段连接电缆、端子，还是隔离开关辅助触点接触不良或断开，测试方法同任务一。

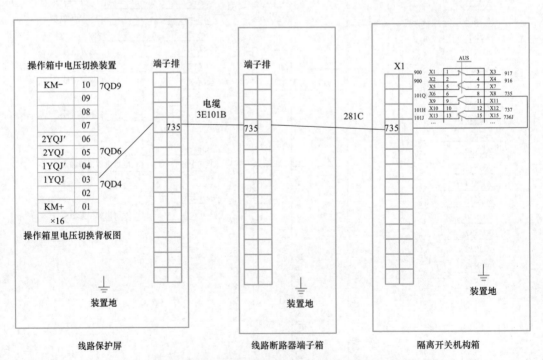

图 5-17 电压切换装置到隔离开关间的连接关系

任务评价

变电站 220kV 保护报“TV 断线”异常判断与处理任务评价表						
姓名		学号				
序号	评分项目	评分内容及要求	评分标准	扣分	得分	备注
1	预备工作（10 分）	（1）安全着装。 （2）万用表检查	（1）未按照规定着装，每处扣 0.5 分。 （2）万用表选择错误，扣 1 分；未检查扣 1 分。 （3）其他不符合条件，酌情扣分			
2	班前会（10 分）	（1）交待工作任务及任务分配。 （2）危险点分析。 （3）预控措施	（1）未交待工作任务，每次扣 2 分。 （2）未进行人员分工，每次扣 1 分。 （3）未交待危险点，扣 3 分；交待不全，酌情扣分。 （4）未交待预控措施，扣 2 分。 （5）其他不符合条件，酌情扣分			
3	准备图纸并理清相互间关系（15 分）	（1）图纸查找正确。 （2）图纸间相互关系清晰。 （3）能将图纸与现场设备对应	（1）图纸查找不正确，少一个扣 5 分。 （2）看不明白各图之间相互关系，酌情扣 3～8 分。 （3）不能将图纸与现场设备对应，每个扣 1 分			
4	放置安全措施（10 分）	（1）安全围栏。 （2）标识牌	（1）未设置安全围栏，扣 5 分，设置不正确，扣 3 分。 （2）未摆放任何标识牌，扣 5 分；漏摆一处扣 1 分；标识牌摆放不合理，每处扣 1 分。 （3）其他不符合条件，酌情扣分			
5	信号回路电源及各装置端子检查（10 分）	检查中应仔细，不误碰设备	（1）检查中误碰设备，造成断路器、隔离开关误动，扣 10 分。 （2）检查中导致测控装置失电，视情节酌情扣分			
6	回路各触点电压测量（20 分）	（1）正确使用万用表。 （2）测量有序合理	（1）测量中损坏万用表，扣 10 分。 （2）测量中应按线路接线顺序测量，测量顺序混乱视情节酌情扣 5～10 分			
7	分析原因并处理（15 分）	（1）给出正确结论。 （2）正确处理	（1）不能分析，扣 10 分。 （2）能处理问题而没处理，扣 5 分			
8	综合素质（10 分）	（1）着装整齐，精神饱满。 （2）现场组织有序，工作人员之间配合良好。 （3）独立完成相关工作。 （4）不违反电力安全规定及相关规程				
9	总分（100 分）					
试验开始时间：　　时　　分 结束时间：　　时　　分				实际时间： 时　　分		
教师						

任务扩展

（1）完成 TV 断线检查，设计检查记录单并填写检查结果。

TV 断线检测仅在线路正常运行时投入，保护启动后不进行 TV 断线检测。

TV 断线判据如下。

1）三相电压相量和大于 7V，即自产零序电压大于 7V，保护不启动，延时 1s 发 TV 断线异常信号。

2）三相电压相量和小于 8V，但正序电压小于 30V 时，若采用母线 TV 则延时 1s 发 TV 断线异常信号；若采用线路 TV，则当三相有流元件均动作或 TWJ 不动作时，延时 1s 发 TV 断线异常信号。保护装置可通过整定控制字来确定是采用母线 TV 还是线路 TV。

（2）完成 TA 断线检查，设计检查记录单并填写检查结果。

由于差动保护的灵敏性，对 TA 二次回路的监视应更加严格，其中 TA 断线可能引起误动。当一侧 TA 断线时，本侧可能会电流突变量启动，但对侧不会电流突变量启动，且系统电压不会发生变化。由于差动保护经过以下判别逻辑：①两侧电流突变量同时启动；②一侧电流突变量启动时需有电压变化量，因此差动保护不会开放而误动作。基于双端量的 TA 断线判据只考虑系统不发生故障情况下单侧 TA 断线。

TA 断线判据的逻辑图如图 5-18 所示。

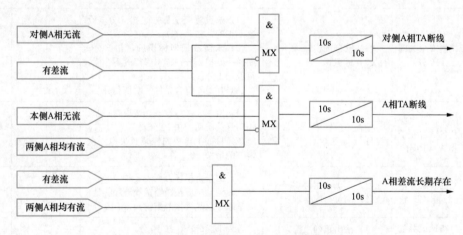

图 5-18　TA 断线判据的逻辑框图

图 5-18 中无流判别的电流门槛为 $0.04I_N$，TA 断线逻辑中差流门槛为 0.8 倍相差定值和 $0.15I_N$ 之间的小值，当装置检测到有差流存在且该相一侧无流时，延时 10s 报该侧 TA 断线；差流长期存在逻辑的差流门槛 0.8 倍相差定值，若检测到有差流而该相两侧都有流，延时 10s 报差流长期存在。

TA 断线时，发生故障或系统扰动导致启动元件动作，若"TA 断线闭锁差动"整定为"1"，则闭锁该相电流差动保护；若整定为"0"，则仍开放电流差动保护。对于后备保护仍需单独设置 TA 断线判据，即 $3I_0$ 启动 12s 不返回且无零序电压，则发 TA 断线告警信号，且闭锁 $3I_0$ 启动保护功能。

（3）完成断路器偷跳检查，设计检查记录单并填写检查结果

如图 5-19 所示，断路器手动控制开关处于合闸状态，合后继电器 HHJ 励磁，其触点 HHJ-1 闭合。若同时，断路器跳闸，跳闸位置继电器 TWJ 励磁，其动合触点 TWJ2-2 也闭合，则接通事故总信号回路。若没有保护动作信息，则判为断路器偷跳。

（4）完成控制回路断线检查，设计检查记录单并填写检查结果。

断路器只有合闸和分闸两种状态，所以正常情况下其跳闸位置继电器和合闸位置继电器不会同时带电或同时失电，若两继电器同时失电，则判为控制回路断线，两继电器的动断触点 TWJ3-2 和 HWJ3-2 同时闭合，如图 5-20 所示，接通控制回路断线回路，发控制回路断线信号。

图 5-19　断路器偷跳时启动事故音响回路图　　图 5-20　控制回路断线判别原理图

学习与思考

（1）变电站事故信号与异常信号有什么不同？
（2）综合自动化变电站的信号可分为哪些？
（3）110kV 及以上线路测控装置的信号主要来自哪里？

情境总结

通过对本项目的系统学习和实训操作，学生能够熟练掌握综合自动化变电站位置信号的作用、基本原理，能够区别异常、事故信号，了解综合自动化变电站位置、异常、事故信号传送到监控主机的过程。通过变电站异常发生时的处理训练，提高二次图纸的识读能力，掌握异常分析处理方法，在工作中能正确使用工器具，明确工作中危险点及防范措施，能够在专人监护和配合下独立完成工作，并能对结果做出正确的判断。

参 考 文 献

[1] 国家电网公司人力资源部，刘利华. 国家电网公司生产技能人员职业技能培训通用教材：二次回路. 北京：中国电力出版社，2018.

[2] 徐志恒，皮志勇，闫大振. 变电站二次回路知识读本. 北京：中国电力出版社，2014.

[3] 皮志勇. 智能变电站继电保护系统调试及运行. 北京：中国电力出版社，2016.

[4] 陈庆. 智能变电站二次设备运维检修实务. 北京：中国电力出版社，2018.

[5] 王国光. 变电站综合自动化系统二次回路及运行维护. 北京：中国电力出版社，2005.

[6] 闫晓霞，苏小林. 变配电所二次系统. 北京：中国电力出版社，2007.

[7] 戴树梅. 二次接线原理和技术. 福州：福建科学技术出版社，1986.

[8] 张海栋，张朋飞，等. 永磁机构真空断路器防跳与继电保护的配合. 郑州铁路职业技术学院学报，2015（4）：39-42.

[9] 上海电力变压器修造厂有限公司. 变压器检修. 北京：中国电力出版社，2004.

[10] 邹森元. 电力系统继电保护及安全自动装置反事故措施要点. 北京：中国电力出版社，2005.

[11] 江苏省电力公司. 电力系统继电保护原理与实用技术. 北京：中国电力出版社，2006.

[12] 国家电网有限公司. 国家电网公司十八项电网重大反事故措施（2018修订版）. 北京：中国电力出版社. 2018.

[13] 国家电网公司. 直流电源系统运行规范. 北京：中国电力出版社，2017.

[14] Q/GDW 11651.24—2017 变电站设备验收规范　第24部分：站用直流电源系统. 北京：中国电力出版社，2017.

[15] Q/GDW 11310—2014 变电站直流电源系统技术标准. 北京：中国电力出版社，2015.

[16] Q/GDW 1876—2013 多功能测控装置技术规范. 北京：中国电力出版社，2013.

[17] Q/GDW 11486—2015 智能变电站继电保护和安全自动装置验收规范. 北京：中国电力出版社，2015.

[18] Q/GDW 1161—2014 线路保护及辅助装置标准化设计规范. 北京：中国电力出版社，2014.

[19] Q/GDW 11398—2015 变电站设备监控信息规范. 北京：中国电力出版社，2015.

[20] GB/T 14285—2006 继电保护和安全自动装置技术规程. 北京：中国标准出版社，2006.

[21] GB/T 34871—2017 智能变电站继电保护检验测试规范. 北京：中国标准出版社，2017.

[22] GB/T 50976—2014 继电保护及二次回路安装及验收规范. 北京：中国计划出版社，2014.

[23] GB/T 34132—2017 智能变电站智能终端装置通用技术条件. 北京：中国标准出版社，2017.

[24] GB 50171—2012 电气装置安装工程盘、柜及二次回路接线施工及验收规范. 北京：中国计划出版社，2012.

[25] DL/T 5136—2012 火力发电厂、变电站二次接线设计技术规程. 北京：中国计划出版社，2012.

[26] DL/T 587—2016 继电保护和安全自动装置运行管理规程. 北京：中国电力出版社，2016.

[27] DL/T 995—2016 继电保护和电网安全自动装置检验规程. 北京：中国电力出版社，2016.

[28] DL/T 5044—2014 电力工程直流电源系统设计技术规程. 北京：中国计划出版社，2014.

[29] DL/T 1512—2016 变电站测控装置技术规范. 北京：中国电力出版社，2016.

[30] DL/T 866—2015 电流互感器和电压互感器选择及计算规程. 北京：中国计划出版社，2015.

[31] Q/GDW 1175—2013 变压器、高压并联电抗器和母线保护及辅助装置标准化设计规范. 北京：中国电力出版社，2013.